京の鴨川と橋

その歴史と生活

門脇禎二
朝尾直弘【共編】

思文閣出版

はしがき

先ごろ京都市で起こったポン・デ・ザール架橋計画は、京都市民はもとより国の内外でも関心をもった人びとの間で広く問題になった。この本は、架橋計画に賛否いずれであろうと、鴨川と橋を考える際には、少なくとも必要と思われる資料と歴史学や文学の研究成果を、系統的に述べる目的でつくられた。

まず、そのいきさつから述べておきたい。

京の鴨川の三条大橋と四条大橋との間にもう一つ、フランス風のポン・デ・ザール（芸術橋）を架けるという構想を平成八年（一九九六）一一月、京都市長が発表した。翌年八月末にはその決定のための都市計画の縦覧を開始（～九月一一日まで）、一〇月一五・二二日にあいついで開かれた市の都市計画審議会も府の都市計画地方審議会も原案通り可決承認した。異例のスピードであった。

構想・計画の内容、計画決定手続きの進め方に、編者（門脇）は衝撃をうけ激しい怒りを覚えた。一つは、これまで幾度か論争のあった京都の景観は、まだ壊されていくのかとの思い。それ以上に、古都の伝統的な良さに時代とともに進む新しさを加えつつ京都の活性化をめざすという際の、国際的文化性とはこの程度のものだったのか、という情けなさからであった。いま一つは、京都市自らが発してきた「世界文化自由都市宣言」（七八年・昭和五三）や京都市自身が主催した第四回世界歴史都市会議の「京都宣言」（八七年・昭和六二）の理念を真《ま》にうけていたのに、この構想・計画はそれらとどうつながるのか、見事に裏切られた口惜しさからであった。

こうした個人的な思いはともかく、架橋計画の反対運動は盛りあがった。他の理由もあったのかもしれないが、計画の九八年（平成一〇）度着工は中止された。だが、架橋のことはかなり以前から審議されてきたという報道もあるし、決して消滅したわけではあるまい。そうしたこともあって、いまわたくしどもは何をなすべきか、脳裏から離れない。わたくしどもは、京都に長く住み、日頃の生活のなかで底深い京都文化に折々に教えられているし、京都の地に在る大学で国の内外の歴史や文化の研究・教育に当ってきている。当然、固有に果たすべき社会的責務は何か、という思いである。

そんなある日、思文閣出版専務長田岳士さんと会ったとき、用談後の雑談で右のようなことを話したところ、それを書いて〝鴨川と橋〟というような本を書いてみないか、といわれた。思いがけないことであったし、京の川の本は幾つかあるが、橋を正面に出した本はないな、と直感した。しかし、悲しいかな、個人でそれを書く力量はない。が、同僚の細川涼一さんが、ある新聞に中世の鴨川の橋について執筆されていたのに気付いた。そこで、細川さんに話しを通じ、関連する研究成果のある同僚諸氏へも訴え、幸い賛同をえた。もちろん、フランス風架橋問題についての思いの強弱や、うけとめ方にそれぞれ差違はあった。しかし、これを機に鴨川と橋について系統的に学びあおうという意欲は共通のものであった。これには、京都橘女子大学では教員が特定のテーマについて共同で執筆した本を出版した経験と実績が幾度かあり、今も毎年幾つかのテーマを立てて共同研究が組まれていることも幸いした。

ここから朝尾・門脇の両人と細川が編集に当ることになった。冒頭に記した編集方針を固め、その方針の合意をベースに、幾たびか研究・発表会を重ねた。本書の主題に即応することは、そう容易なことではなく、また、一口に鴨川の橋といっても、橋それぞれに歴史的個性があることに改めて気付かされた。それらの個性は、平安京にあった古代貴族・室町幕府・寺社や東国にあって京を統治した鎌倉幕府・江戸幕府と、京都の住民が時代とともに進めた生活組織や主体的な秩序や行動との、多様多彩な長期にわたるかかわりのなかに形成されたものであった。それらの具体的な展開と特色が各章で述べられるが、本書は、昭和一〇年（一九三五）の京都大洪水が一大転機になって、鴨川に現代につながる近代的架橋が開始されたところで終る。

この本について、読者の方がたの忌憚のない教示と批判を頂ければ有難い。それらも含めて、この本が、新しい「文化自由都市」「歴史都市」をめざす京都の未来像を考える一助にでもなることができればと、わたくしどもは心より願っている次第である。

二〇〇一年五月吉日

朝尾直弘
門脇禎二

京の鴨川と橋——その歴史と生活※目　次

カバー・中扉（Ⅰ〜Ⅲ）写真撮影―清水克実

Ⅰ 古代

中扉写真：賀茂川（左）と高野川の合流地点（左：出町橋　右：河合橋）

山代（山脊）のカモ川——平安京以前

門脇禎二

神の川

【山代のカモ川】　京都は盆地である。盆地の囲りには、樹木が茂り神々が籠る山々が重なっている。そうした山々がある、そここそが本然の姿を示すところ、という意味で「山代《やましろ》」のくにと呼ばれた。それら山々の間を縫って、北から流れ出てくる川がカモ川である。

いまのカモ川の流路は、どのようにしてできたのか。これについても『平安通志巻之一』（明治二八＝一八九五年刊）いらい研究が重ねられてきた。この流路は、平安京が造られた際に川が京内に流入するのを避けて、新たに東南へ、上賀茂のところで曲げる工事が行われたためとされてきた。しかし、そう考える必要はなく、いまの出町のところで高野川と合流するまで、当初からの川筋とみてよいことが明らかにされてきた（横山卓雄『平安遷都と鴨川つけかえ説』）。

図1　平安京造営直前の京都盆地の河川

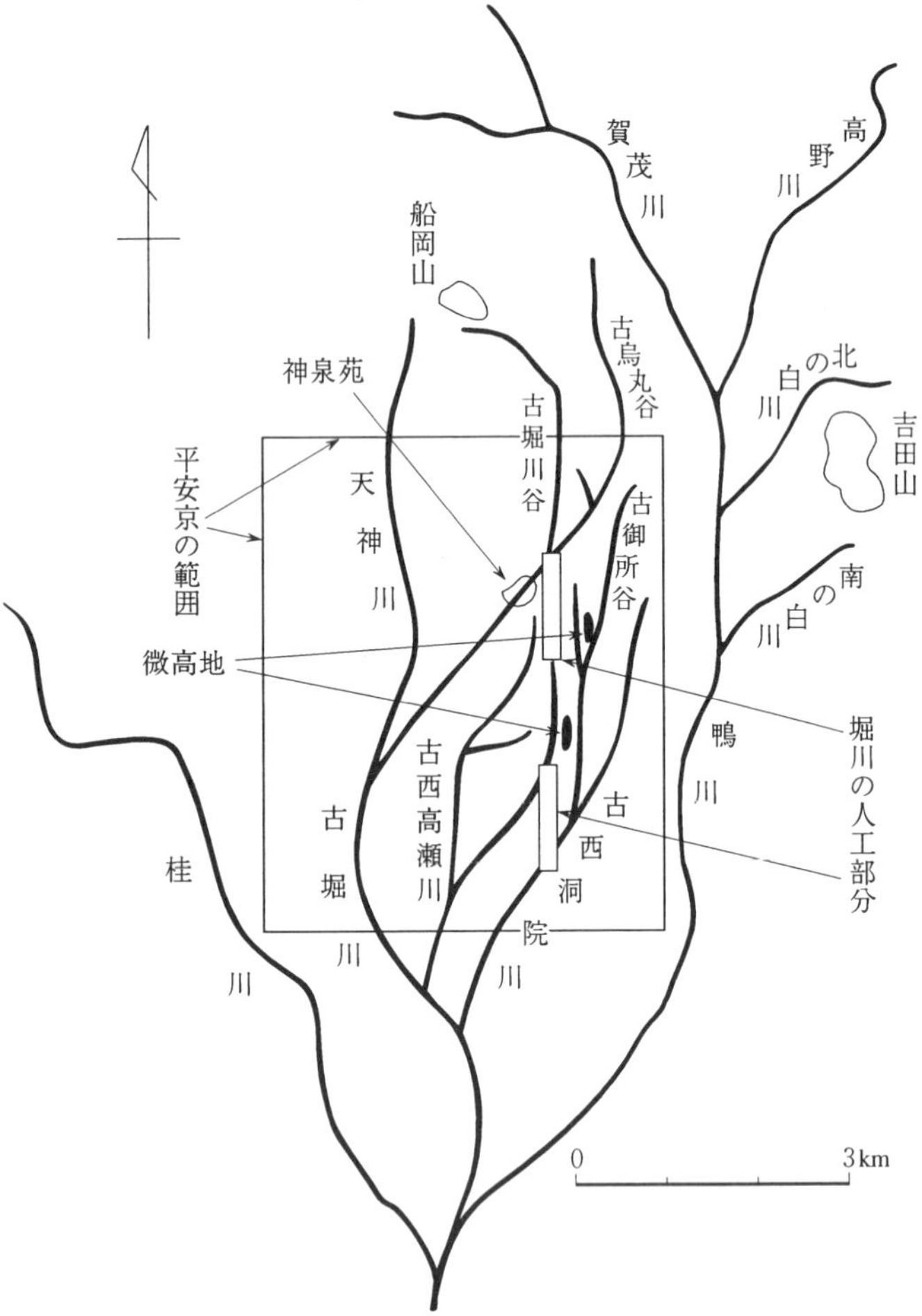

このカモ川は、今は高野川との合流点（出町の辺り）から上流を賀茂川、下流を鴨川と記される。しかし、古くは加茂川・賀毛川・可茂川・鴨川・鴨河などと記された。強いていえば、一字一音の表記が鴨川（河）の表記より古いといえないこともない。しかし、すでに古代史料では主に賀茂川と鴨川（河）が用いられ、特に厳密な使い分けはなかったようだが、公文書では主に鴨川（河）の表記が用いられるようになっていた。

だから、鴨川の初めや古い歴史を考えようとすれば、漢字の表記よりも、カモという地名やその音の起りのほうに注目されるわけである。

カモという地名の起りについては、『古事記』『日本書紀』の神武天皇東征説話の八咫烏《やたのからす》から説明されることが多かった。つまり、神武天皇軍が紀伊の熊野から大和へ向う途中に山中の嶮路で難渋したとき、軍を先導した八咫烏は鴨建津《かもたけるつ》(之)《(の)》身命《みのみこと》の化身であった（『新撰姓氏録』山城国神別）が、これを祖神としたのが賀茂県主《あがたぬし》・鴨県主であった。この鴨氏が初め大和の葛城《かづらき》に定着し、次いで南山城の紀伊郡岡田郷の地に移り（今、木津町の岡田鴨神社はそのゆかり）、さらに木津川を下ったあとカモ川を北上して山代（のちの山城国愛宕郡賀茂郷の地）に定着したのに由来する、とみるのである。これに、未開社会の部族は動物を集団の象徴するトーテミズムの信仰をもっていたという民族学の学説を援用し、鳥をトーテムとした〝鴨族〟という部族を想定し、移住の径路は右の神話・伝承の通りとして、これが山代のカモの地名の起源だとする主張も近頃は散見される。しかし、右のような〝鴨族〟（海路に関しては〝海人族〟がよくいわれる）などという部族が、日本古代の「氏」に転成された経緯を論証した拠るべき業績はない。だから、カモの地名の起源をここに求めるのには従えない。

この点に関しては、カモの地名の起りを「鴨建津之身命」「鴨氏」〝鴨族〟などの固有名詞から説くのでなく、日本各地に生れた普通名詞から説く近説がある。これに従いたい。つまり、重なり合う山々の間を縫って川が流れ出てくる地形は、わが国ではいたるところにみられる。その場合、とくに地域の人びとから信仰される神山とそれにつながる山々や近くの土地に神尾・宮尾……と「尾」（を）がつくことが多い。これは、京都盆地も全く同様で、京の北山・西山の山々も然り、上賀茂の神山南麓の貴布禰神社の末社に山尾社・黒尾社、上賀茂神社の末社に棚尾社・土師尾《はじを》社・椙尾《すぎを》社・山尾社・藤尾社・川尾社がくり入れられている。このことに着目して、カモの地名の起源を、神山から神尾へ、つまり、かむやま・かうやま（神山）の尾――「かむを」の音がカモへ転化したと説くのである。それを和歌山県・静岡県・兵庫県などの例についても検証したあと、南山城の岡田鴨神、上賀茂の神などについて確かめ、さらに、カモ神のほんらいの神格は境界神であったことが解明されたのである（井手至「カモの神の性格」）。

こうした新説に学ぶならば、京都のカモの地名の起りも、カモ神は元来から境界神であったことは、きわめて納得し易い。当然、カモ川もこの地名に由ったわけである。事実、カモ川は京都盆地特有ではなく、各地にもあった。たとえば、同じ古代で一例をあげよう。天平一五年（七四三）の夏、聖武天皇は「鴨川に幸《みゆき》し、名を改めて宮川とす」（『続日本紀』天平一五年八月丁卯朔条）と改称させた。この鴨川は、加茂郷とのかかわりから木津川の加茂と瓶原《みかのはら》との間の川とも解されてきた。しかし、当時の聖武天皇は、この前月の終りから造営中の紫香楽《しがらき》（信楽）宮に滞在し、ここで二カ月後には有名な「大佛造立の詔」を発している。ここにいう「鴨川」は、明らかに信楽現地の雲井川（今の大戸川）とみられる。鴨川が、山代盆地のほかにもあった一例である。

それら他の地域のカモ川と同じように、山代のカモ川も、北の神山につながる山々の間から流れ出てくる神の川であった。

【カモ川をめぐる神々】　賀茂川への思いを、川辺の住民が最初に語りはじめたのは、産土《うぶすな》の神にかかわってのことであった。

賀茂川と高野川との合流点の北の杜《もり》を、人びとは地主の神が坐《いま》すところと仰いでいた。そして人びとは、やがてこれに人格神を付するようになった。その神は、女神の玉依日売《たまよりひめ》であった。歴史の当初に、女神が出現したというのは、わが国の各地にのこる古い信仰である。京都盆地の場合もそうであった。

すなわち、玉依日売が〝石川の清川《すみかわ》〟に流れる小川で川遊びしているとき、上流から丹塗《にぬり》の矢が流れてきた。この矢を拾って床の傍らにさしておくと身籠って男の子が生れた。すこやかに育ってこの子の成人を祝うまでになったが、その神集《かみつど》いの宴のあとに、祖父の賀茂建耳角身命《かもたけるみみつぬみのみこと》が「汝の父と思う人にこの酒を呑ませよ」と告げると、かれは屋根の甍《いらか》を破って昇天し乙訓《おとくに》の社に降りた。丹塗の矢の本態は、その社に坐《いま》す火《ほのいかずち》雷つまり天上の雷神であったことがわかった。そこで、この子神は可茂別雷命《かもわけいかずちのみこと》と名づけられた、というのである。

この子神を祀る上賀茂神社を正式には賀茂別《かもわけいかずち》雷神社、その母神（玉依比売）を祀る下鴨神社を正式には賀茂御祖《かもみおや》神社とよぶのは、こうした賀茂伝説によっている。そして、玉依比売が憑《よ》りついた地主神は、いま下鴨神社の摂社である河合神社に祀られている。

ところで、この賀茂伝説には、少なくとも歴史の幾つかの段階が反映している。⑴段は、カモ川と高野川との合流点の杜の樹林と地霊に対する自然信仰から生じたのが河合神であったことを示唆する。それは、おそらくカモ川の東や高野川の北辺の自然堤防に集落を営み、水田を拓いていった弥生時代の人びとの信仰に発しているのであろう。⑵段は、それら集落の長のうちから有力な地域首長が生れた時期のものである。カモ川の流域の東西には、巨大な古墳は認められないが、五世紀後葉から六世紀に入ると、とくに東岸にはいわゆる後期古墳が点在するようになる。それら諸古墳の被葬者、あるいは累代にわたる首長の集合霊を人格化したものと思われるが、カモ川の上流に住む人びとは、賀茂建耳角身命の名を地主神に付した。建《たける》は各地の地域的統一の先頭にたった首長、耳《みみ》はその首長に対する尊称であった。カモ神の分布は全国にわたって広いが、

図2　古代京都の国別変移の模式図

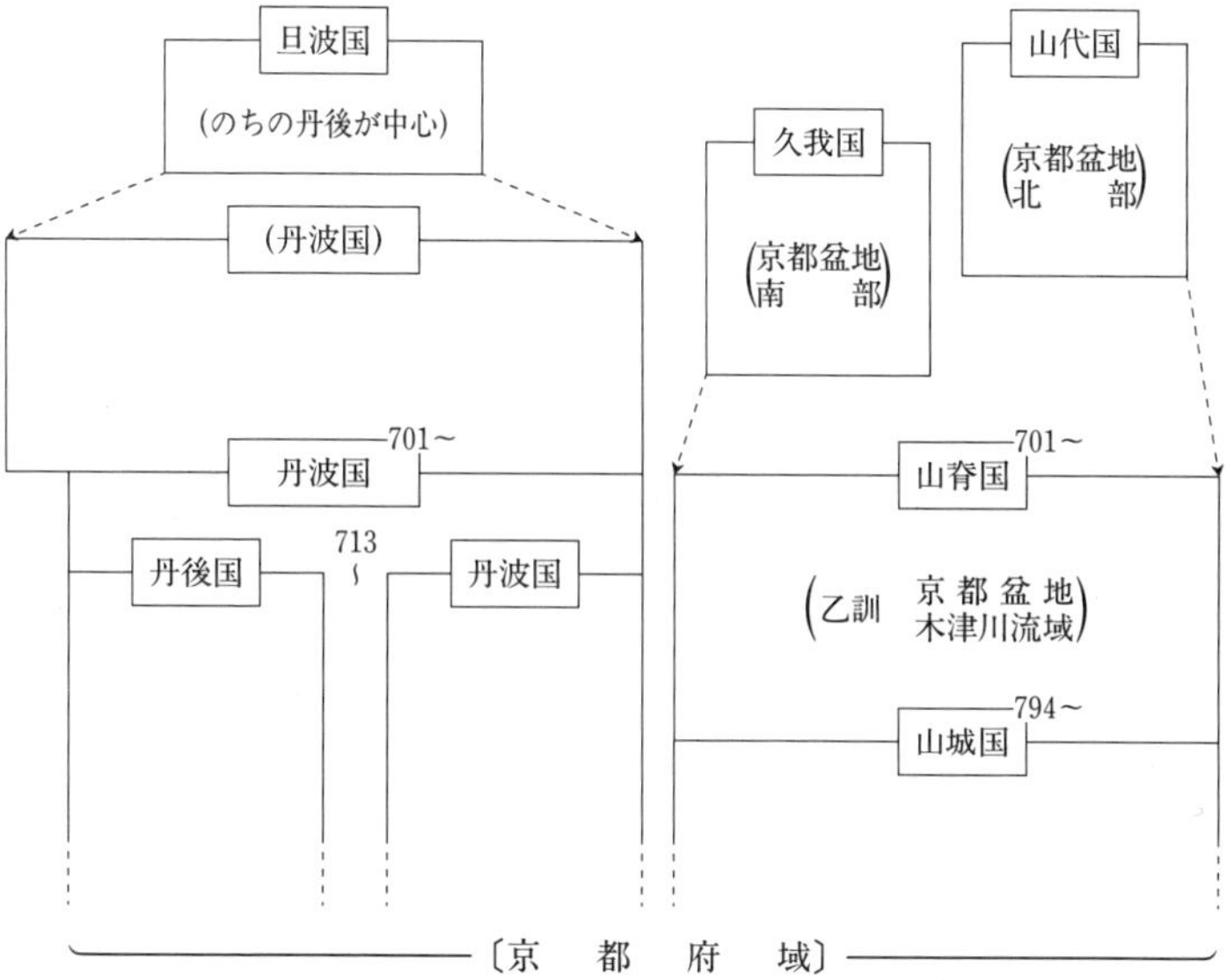

それは〃鴨族〃なるものの移動の結果とみる説より、このような地域史の発展のなかで理解したい。そして、この地の加茂伝説のベースはとくにこの第(2)段にあったと思う。(3)段は、それらの人びとが、地域のまとまりを強めるとともに、しだいに周辺地域、とくに西方の丹波との交流を深めていったことを語る。すなわち、それはまず、賀茂建耳角身命が丹波国の伊《い》可《か》古《こ》夜《や》日《ひ》女《め》と結婚して玉依日子・玉依比売が生れたとするくだりで、この玉依日売が、先に記したように賀茂別雷命の母神である。

　このように、賀茂伝説は少なくとも三つの歴史段階それぞれを反映していることがみてとれる。そして、終局的には、賀茂建耳角身命は、『古事記』『日本書紀』の神武天皇東征説話にとり込まれ、その化身の八咫烏が神倭石余比古《かむやまといわれひこ》（神武天皇）を先導して大和に入ったとされる。ただこのあとは、大和国の葛城山やその麓のカモ神を奉じた集団とのかかわりからであろうが、一旦は葛木山《かづらきやま》に籠ったのち、木津川を経て久我国《こがのくに》の北に鎮まった、とされる。

こうしたかたちで、加茂伝説（『風土記』山城国逸文、『古事記』神武天皇段、『日本書紀』神武天皇二年二月乙巳条、『新撰姓氏録』・同逸文など）は締めくくられる。しかし、第⑵段とこの終局の締めくくり部分を除く第⑶段とが、賀茂川の流れに沿う地域の歴史を考えていくには、とくに重要である。

というのは、第⑵段で語られるように、カモ川は神代《かみしろ》の矢（神の本態を象徴した矢）が流れた川であった。鴨氏のカモの名も、神の籠る山につながるところから生れた。今、賀茂川と記すカモ川は、ほんらい神の川であり浄らかな川であった。だから賀茂川の、とくに上賀茂社と下賀茂社との間の流れでは、人びとは身を清める禊《みそ》ぎをした。このことから、のちに平安京ができてからも、二条河原より上《かみ》は禊ぎの場としてうけつがれていった。伊勢大神に仕えた斎王も、賀茂神に仕えた斎王（斎院）はもとより、天皇・貴族も賀茂川で禊ぎをした例は少なくない。

また第⑶段で語られるところは、賀茂川の上流に坐《いま》す賀茂神の神威は、川の流域はもとより山代国を超える他域にもおよんでいたことを語っている。あるいは、都がまだ平城京にあった八世紀中頃までは、賀茂神の祭礼について、政府はたびたび禁令を発している。というのは、賀茂神の祭日には遠近から人馬が会集し武装して騎射をしたが、たびたび闘乱も起った。そのため、これがきびしく禁止されるようになり、やがて「当国（＝山脊国）之人」だけは容認されたものの、賀茂の祭日自身が、国司の直接の臨検をうけ監督下におかれた。

律令政府は、一般に神祇信仰であれ仏教であれ宗教的行事が集団的行動ひいては反政府的運動へ転じるのをひどく警戒したが、中でも賀茂祭日の際の人馬の会集はとくに注意していたらしい。賀茂神の扱いは、平安京の守護神になってから後とは大いに異なる。それは天平一〇年（七三八）にやっと緩和されたが、この際にも「闘乱」はきびしく取締まられた（たとえば『続日本紀』大宝二年四月庚子条、『類聚三代格』天平一〇年四月二日勅など）。

このような、賀茂神に対する政府の対処の仕方は、賀茂川の西の対岸に、政府が伝統的に畏怖し警戒してきた出雲の人びとが来住していたのによったことも見過せない。

川辺のさととカモ川

【川辺のさと――出雲郷――】　いま、賀茂川にかかる北大路橋と出町橋との間に出雲路橋というのがある。出雲路の地名は、古代の出雲郷の郷名にちなんでいる。今の、同志社大学から北の鞍馬口通り一帯にかけてである。その出雲郷に関しては、神亀三年（七二六）の「愛宕郡出雲郷計帳」がのこっている。郷民に課した調・庸の税を徴発するための台帳だが、全五〇戸のうち二四戸分の記載が知られる。神亀三年といえば、賀茂川も流入する淀川に行基が山崎橋を架けた年だが、平城京の都では翌年、生後月余で異例ともいうべき基王の立太子宣言が行われた。しかし、その翌年、聖武天皇と光明皇后の間に生れたこの皇太子の死をめぐって、長屋王がやがて自殺に追い込まれるという無気味な緊迫感が、中央政界にただよいはじめた。

それにしても、賀茂川をはさむ左岸の地域は、早くからカモの神への信仰で結びつき、この当時は賀茂郷とされていたが、右岸の西の地域には、どうして出雲臣を名のる集団が住み、出雲里、ついで霊亀元年（七一五）からは出雲郷とよばれるようになっていたのか。これには、実は、出雲古代史の展開をみなくては理解できない。

すなわち、出雲の意宇《おう》平野を直接の地盤として成長した王は、四世紀中頃から独自の支配体制をととのえていった。オウの王は、出雲西部におよんでいたキビの勢力の退潮に乗じて、五世紀中葉になると出雲西部も含めた地域王国を形成した。以来、出雲を統一的に支配してきた出雲国王であったが、六世紀末からはヤマト朝廷の配下に入って出雲国造《くにのみやつこ》として認められると、祭祀権の奉献だけでなく、従属の証しとしてヤマト王国（大倭王国）の宮廷へ、一族のなかから人身を貢ぎ出さねばならなかった。大王の身辺の世話をした釆女《うねめ》と、大王の親衛軍のトネリ（これはのちに宮廷警衛組織がととのうと、他の舎人《とねり》や資人《とねり》と区別して「兵衛」と記されるようになる）がそれである。采女は、国造の姉妹や子女のうちの美人、兵衛は国造の子弟から選び出された。出雲とヤマト朝廷とのこの関係からみれば、ほかでもない。出雲国造は、采女は本国の意宇郡から送ったが、兵衛は山脊国《やましろ》愛宕郡《おたぎ》に移住させた一族から出させていたやり方を、この当時までつづけていた、と判断できるのである。いわば、本国とヤマト朝廷との間の中継の拠点として、配下の一族をここへ移住させていたわけである。

どうして、そのように判断できるか。ここであらためて注目されるのが、出雲と大和の間に介在する出雲系神社の存在である。出雲系の神々の信仰は各地にひろがっている。とくに日本海沿岸では能登、畿内では大和・河内、および関東各地などにめだつ。しかし、いまは、その分布状況のあらわれた時代も事情も特定できない一般的な分布をいうのではない。出雲と大和との間にみえる出雲系神社の分布に留意したい。すなわち、丹波国桑田郡の式内社には、出雲神社(今の亀岡市千歳町)をはじめ出雲系の神々を祀る社が多い。丹波の女性首長氷香戸辺《ひかとべ》が出雲の神宝のことに通じていた(『日本書紀』崇神天皇六〇年七月己酉条)のも、古代にこれらの社を祀った人びととの交わりによったと考えられる。さらに桑田郡から山脊国へ出てくると、その愛宕郡にもいくつか出雲神社があり、それらを祀っていたのが、出雲郷の人びとであった。

【愛宕郡から出ていた出雲の兵衛】　以上のような前史をおさえてみると、とくに注目されるのが、この山脊国愛宕郡出雲郷から神亀三年(七二六)当時、一人の「兵衛」が都に出ていたこともよく理解できるだろう。出雲郷上里の小初位上出雲臣国継《いずものおみくにつぐ》というもので、戸主従八位下勲一二等出雲臣真足《またり》の弟であった。

山脊国愛宕郡は、古くから賀茂県主《あがたぬし》の一族が蟠踞したところで、出雲臣真足はその郡司でもないのに弟を兵衛に出していたのである。

それはやはり、出雲国がヤマト王国の支配下に最後に入り、全国統一の完成を象徴する存在とされていた特殊性によるものであった。そのことは、『記』『紀』神話や多くの祝詞《のりと》群からも確かめられるが、直接には神賀詞《かむよごと》奏上が国造《くにのみやつこ》出雲臣果安《はたやす》の時から始まっていた（『続日本紀』霊亀二年二月丁巳条）。そして、この計帳が作成された神亀三年の二月には、国造出雲臣広嶋《ひろしま》は、再度の神賀詞奏上をおえていた。

出雲国造の立場はこのように特殊化されていったのに、本貫では出雲国意宇郡の郡司も兼《か》ねていたから、すでに別国別郡の山脊国愛宕郡の出雲郷から、本国本郡の兵衛として送りつづけることは、明らかに不都合である。これが、八月以前に太政官に提出された計帳について問題になり、九月には、出雲国意宇郡からの釆女は停止され、こののちは兵衛のみを貢がせる措置がとられたのである（『続日本紀』神亀三年九月己卯条）。事実、こののちには、出雲国意宇郡から兵衛が出されるようになった（たとえば、天平六年出雲国計会帳に兵衛出雲臣国上がみえる）。

【川辺のさと人の暮し】 出雲郷のなりたちには、以上のような経緯があったが、出雲郷の人びとは、対岸の賀茂川をはさんで東西に住むようになった賀茂・蓼倉《たでくら》両郷の人びととの交りは深くはなかったらしい。八世紀になっても両郷をつなぐ橋などがあった形跡もない。これには、いろいろな理由が考えられる。なにより、出雲郷の人びとは閉鎖性がかなり強かったらしい。都である平城京の役所へは多くの下級官人を送り、貴族の私邸に仕えた者も幾人か認められるのに、出雲郷の諸家族の婚姻関係では、郷外の異姓の女性とのそれはきわめて少ない。このことは、当時の京都盆地の同郡の他の郷の様子と比較してもはっきりしている。かといって対立や抗争の記録や伝承もないから、子供同士の間の交りなどは行われていたであろう。

それに、この段階では、賀茂川に橋のないことは、それほど重要な問題ではなかった。一般の庶民は、川を歩いて渡った。雨後の増水や洪水の際はともかく、普通は川幅は広く、かなり大きな川でも幾つもの細川にわかれたところがあった。川の瀬である。小川なら、岸の両方に杭をうち、二枚か三枚程度の板を渡した。

しかし、歩いて渡れる瀬の見つけにくいような川も、もちろんあった。そういう川は、川幅や水の流れの緩急を見定めて、舟で渡った。川の渡しである。だから、賀茂川の両岸の間は、渡しがあったのではないか、という人もある。その論拠は、出雲郷上里の住人に、出雲臣「楫取《かじとり》」「船人」の名をもつ兄弟があった。戸主は、里でも有力戸と思しき従八位下勲一二等出雲臣真足（五五歳）で、全家族員は四〇人（男一八名・女一三名と奴六名・婢三名）、「楫取」（二〇歳）「船人」

（二二歳）は、この戸を構成する三世帯のうちの一つ、かれらの兄の国継（三二歳、兵衛）が戸主の所帯員一一人のうちに登録されていた。しかし、この両名の名が、かれらが常に舟に乗り、楫《かじ》を操っていたためとみるのは早計である。というのは、かれら兄弟の戸には、「布賀《ふか》麻呂」（一二歳）「鯖麻呂」（九歳）とか、下里の別の戸のうちにも「伊可《いか》麻呂」（四三歳）、女性で「多比《たひ(い)》売」（二〇歳）などと海の魚にちなんだり、上里では「水海」（三〇歳）、下里では「大津」（一三歳）とか「大海」（二八歳）とか港・湖・海にちなむ名のものもある。もし、かれらの名が実際の生活感覚の反映とみるなら、この郷の人びとの郷貫――出雲国意宇郡や中海でのそれを反映したものとみるべきであろう。

【さと人の暮しと川・川原】　むしろ、当時の古代の人びとにとっては、里に近い川は渡り越えるだけの川ではなかった。生業と生活に密着した川であった。だから、万葉集の歌にも、川の流れを渡る困難を、恋の苦しさや相手への情愛に詠み込んだものが少なからずみえる。賀茂川は、出雲郷の人びとにとっても、そのような川であった。

それでなくても、出雲郷には、鋳銭や木工などの技術をもった人びとがいたらしい。たとえば都へ下級役人として出たもので、出雲臣深嶋は造宮省の、その弟の古麻呂は営厨司の、ともに「工《たくみ》」であった。平城京の役所の造営に、役夫を指揮しつつ当ったのである。

しかし、かれらとて農繁期で帰休してきたときは、農作業にも出た。出雲のさと人たちは、班

図３　賀茂川と付近の神社

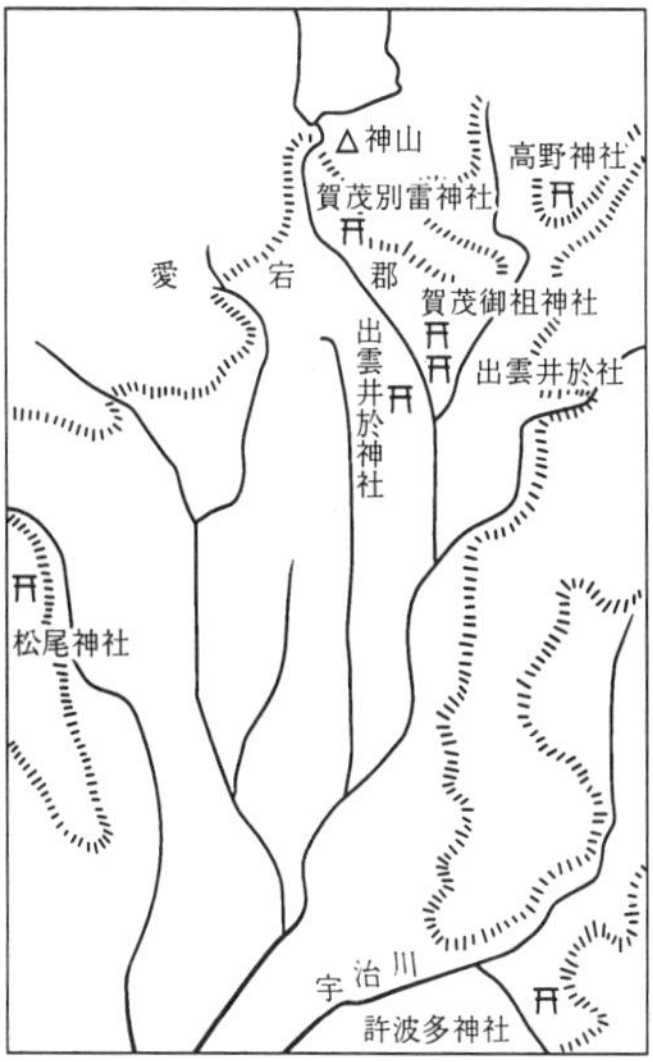

給をうけた口分田を耕作した。春先には山に還っていた田の神を迎えて祭り、力をあわせ長い時日をかけて田をうち起しはじめた。当時は、裏作をすることなどは知らなかったから、秋の収穫後は放置されたままで荒れ田になってしまっていたからだ。苗《なえ》代《しろ》ができると籾《もみ》をまき、やがて田植えをした。それが終ると、六月までに調の税（郷土の産物）をととのえ平城京まで運ぶのだが、畿内の出雲郷は和銅五年（七一二）から銭で代納した。成年男子一人あて九文であった。田植えのあと、夏を通じて幾度か雑草をとって丹精した稲がみのると、穫《と》りいれて、愛宕郡の官倉に納入した。そして、秋祭りを迎えたのである。こうして、人びとの一年の生活の折り目は春・秋の祭りであった。もちろん村人たちは、その間に賀茂川や高野川で漁などもした。

なかでも、出雲冠というものの戸は、紙をつくって、平城京の市に製品を運びこんだ。この、唯一戸だけ輸調内容が記載されていない紙（市）戸の出雲臣冠の戸については、調の負担がなかったのだといった一部の解釈もあるが、それはあたらない。むしろ、紙（市）戸として品部《とも（しな）べ》

（政府によって編成された手工業技術者）の一種であるのだから、紙の貢納または製紙官工房への上番という、別系統のよりきびしい負担を課せられていたわけだ。それを代償に、他の郷民のような調は免除されるというかたちになっているのにすぎない。そういう意味で、むしろ出雲郷の現状に応じて収取されていた一例となすべきであろう。

さらにこれらとは別に、出雲臣阿多《あた》というものが宮内省園池司の使部《とねり》になっていたのも興味深い。というのは、近時の平城宮跡の発掘調査で、宮内——とくに東南隅の瑠璃殿にかかわるとみられる見事な園池の遺構が、あるいは宮外でもすぐ東北の地点で邸宅の立派な園池遺構が発見され、園池の築営が意外に早くから本格化していたことがわかってきた。高野川に沿い賀茂川の川辺のさとの住民の一人が、とくに園池司の使部となっていることは、偶然とはいえないものがあろう。

製紙も園池づくりの巧みさも含めて、それらは賀茂川の清流に沿う川辺のさとであったからこそ身につけられた技術であったとみられる。

橋のない賀茂川

それに、賀茂川にも下流の鴨川にも、古代には橋といえるほどの橋はなかった。政府がごく稀れにではあるが架橋したのは、国家的あるいは軍事的な目的からであって、一般の人びとの交通の便をはかるような架橋はしなかった。当時の法律（律令）からいっても、国家（政府）としては、「京内大橋」や「京城門前橋」は木工寮に、京外の「大水」（大河）の堤防は国司郡司に修営させる規定だけであった（営繕令・雑令）。したがって、一般の交通の便をはかるような架橋は、僧侶や民間有力者の篤志によったのであり、道登・道昭や行基およびかれらに結縁した人びとの架橋事業が特記されたのである。まして、賀茂川は、人びとの交通を妨げたような川ではなく、それに、平安京ができてからでも京内を流れる川でもなかった。

したがって、平安京が造営される以前の賀茂川は、渡り越える川というより、むしろ右に述べたように人びとの生活に融け込んでいた川であった。日々の暮らしでも人びとは、川魚を採り鳥を追い、細流を田に導いた。川原は、子供の遊び場であり、若者や大人には牛馬を放し、あるいは紙すきの仕事場や園池の石組みの技術も身につけ、折々に場所を選んで恋の語らいや愛の交歓の場所にもなった。古代の人びとには、川と川原とはわけられるものではなく、人びとの生活の場でもあった。恐ろしい増水がくればそれらはできなかったし、なすすべもない洪水の被害も少なくなかった。だが、それら特別のときを除けば、村の秩序や家のしきたりからも離れた〝自由の場〟であった。京都盆地に平安京が造られてからも、京外の賀茂川とその川原での〝自由〟はほとんどそのままに残されていった。

だから、平安京が造営され都市としての繁栄がすすむと、賀茂川の、ことに三条・四条にそのままつながる辺りより下流のほうから、川原は、京への流民や細民の住みかとなっていった。川原で死に果てる者も多くなった。そうした変貌は、次章以下で述べられることになる。それは、平安京の都市生活の、賀茂川と川原へおとした影であった。

そのように見通してみると、ここでどうしてもふれておきたいことがある。

京都は「山河襟帯」の地といわれたが、この「河」は賀茂川を指すと思われていることが少なくない。だが、この「山河襟帯」の語句は、平安京の造営に際して桓武天皇が発した詔にみえる。すなわち、その詔には「此の国は山河襟帯し、自然に城を作《な》す。斯《こ》の形勝に因りて新号を制すべし。宜しく山背国を改めて山城国となすべし。……（中略）……又、近江国滋賀郡の古津は、先帝の旧都なり。今、輦下《れんか》に接したれば、昔号を追い、改めて大津と称すべし」（『日本紀略』延暦一三年一一月丁丑条）とあった。

この詔を通読して知られるように、この場合の「山河襟帯」は、近世の頼山陽に〝山紫水明〟といわれたような、せまく京都盆地の中だけで発想された表現ではない。ここでの「山河襟帯」の語句は、「襟は東山之険を以てし、帯は曲河之利を以てす」（『史記』春申君伝）によったものとみられている。つまり、衣の襟や帯のように山や川に囲まれた要害の地、という意味である。それは、右の詔では明らかに「此国」＝山背国についていわれているのであり、当時の長岡京から近江国の「古津」＝大津辺りまでの広域を意識して用いられている。したがってここでいう「山河襟帯」の「河」は、京都盆地内部の賀茂川をいうのではなく、山脊国を囲む木津川・宇治川・淀川・葛野川（大堰〈井〉川・桂川）などを指す、と理解しなければならない。

したがって、宇治川にはすでに架橋がみられたが（コラム①参照）、賀茂川の流れ込む淀川でも、ようやく八世紀前半になって行基により山崎橋が架設された。貴族の生活と平城京の都市秩序の維持に必要な物資を運搬する衆庶の労苦を救済するためであった。その、山崎の架橋地点は、平城京から長岡京へ、そして長岡京から平安京へと、都移しにかかわる交通路や物資運搬ルートの確保と再利用というフレームのなかでさらに重要になっていった。平安京の住民の生活の必要に根ざした賀茂川の橋が架かるのは、まだ先の時代をまたなければならなかったのである。

〔参考文献〕
横山卓雄『平安遷都と鴨川つけかえ説』（法政出版、一九八八年）
井手至「カモの神の性格」（『古事記年報』四一、一九九九年）
門脇禎二『日本古代政治史論』第II部第一章（塙書房、一九八一年）
門脇禎二「京の女性史のあけぼの」（『京の女性史』、京都府、一九九五年）

〔挿図〕
図1　『平安遷都と鴨川つけかえ説』（横山卓雄）
図2・3　筆者作成

鴨川と平安京

増渕　徹

平安京の建設

山々が重なり木立の深い山代盆地を流れてきた賀茂川は、平安京の建設によって大きく変わる。その変わり方は、まさに平安京の特質にそのままかかわっていた。山代盆地の中央に突如として出現した平安京とは、いったいどういう帝都であったのだろうか。まずそこからみていこう。

長岡京造営からおよそ一〇年を経過した延暦一二年（七九三）正月一五日、桓武天皇は大納言藤原小黒麻呂《おぐろまろ》・左大弁紀古佐美《こさみ》らを山城国葛野《かどの》郡宇陀《うだ》村に派遣し、その地相を調査させた。このわずか六日後の正月二一日、天皇は内裏を出て東院に遷御し、内裏の解体に着手して遷都への不退転の決意を示す。平安京への遷都は、こうして電撃的に始まった。

平成一一～一二年、京都市南区久世殿城町と向日市森本町にまたがる長岡京の左京北一条三坊にあたる地点から、この東院と推定される遺跡が検出された。遺跡は、長岡宮の内裏正殿に匹敵する南北に並ぶ二棟の大型の建物を中心に、平安宮内裏に類似するコの字型に配置された建物群と、その付属施設群とから構成される大規模なもので、出土した遺物には、天皇にかかわる勅旨所の命で焼かれたことを示す「旨」の文字を記した文字瓦や、「東院」と記された墨書土器、多数の木簡が含まれていた。木簡の多くは「東院内候所」や「勅旨所」「内蔵寮」など、天皇に近侍する機関のもので占められ、ここが平安京造営事業の推進拠点となった桓武天皇の「東院」であることが明らかになった。

実際の造営事業は、長官藤原葛野麻呂《かどのまろ》、次官菅野真道《まみち》の両名を中心とする造宮使の指揮下に、畿内とその周辺国の公民を動員して進められた。造宮使は、延暦一五年には造宮職に改組され、この頃、和気清麻呂が造宮職の長官に任ぜられる。『日本後紀』に載せる清麻呂の薨伝によれば、彼が桓武天皇に密かに新都造営を奏上したという。長岡京の造営当時、清麻呂は摂津職の長官として難波宮の解体と長岡宮への移建にかかわり、また河内・摂津両国の境の河川（淀川）開削の工事を担当するなど、長岡京造営に深くかかわる人物であった。平安京の造宮使の官人に彼の長子広世《ひろよ》が名を連ねているところからみると、清麻呂の薨伝はある程度事実を伝えているとみてよさそうである。藤原葛野麻呂は桓武の寵臣小黒麻呂《おぐろまろ》の長子、菅野真道は渡来系氏族の出身ながら桓武に重用され、ついには従三位・参議にのぼった桓武の側近の一人である。桓武朝の二度にわたる造都は、彼ら桓武天皇周辺に結集した新官僚群によって推進されたのであった。

延暦一三年一〇月、天皇は遷都の詔を発した。一一月には、「此の国は山河襟帯し、自然に城を作す。この形勢によりて新号を制すべし。よろしく山背国を改めて山城国となすべし。また、子来の民、謳歌の輩、異口同音し、号して平安京という」という有名な詔が発せられる。ここに新都は平安京の名称を得、正式に出発することになった。

しかしながら、長岡・平安京の相次ぐ造営は、東北で展開されていた「征夷」事業とあわせ、国力を大きく疲弊させるものであった。史書に載る平安京造営のための役夫《えきふ》徴発の記事は、延暦一三年六月に新宮掃除のために五千人を徴発したのを初めとして、その動員の範囲は、東は駿河・信濃・越前、西は出雲・備前・紀伊におよんでいる。史書にみえる役夫の総数はおよそ二万人で、長岡京の総計三一万人と比べれば少なく、秦氏をはじめ民間の在地豪族の財力も活用したり、雇役のかたちをとった動員ではあったが、一〇年におよぶ長岡京の建設に続き、さらに造営事業に動員された人々やその家族、あるいは彼らを含み込む地域の民衆の労苦は相当なものであったろう。延暦二四年（八〇五）の有名な徳政相論の結果、平安京の骨格を建設した桓武朝の造営事業はようやく終焉を告げることになる。

ところで、平安京の京域はどのようにして設定されたのだろうか。現在のところでは、船岡山を起点にして南に中心線をのばし、これを朱雀大路にし、東は南流する賀茂川、西は双ケ丘と桂川とを境界として意識して京域が決定されたと考える説が有力である。現在の千本通と丸太町通の交差する地点が平安宮の大極殿の位置にあたるが、地形的に見ると、丘陵裾の最も標高の高い位置に宮城（大内裏）を設け、そこから東・西・南に緩く傾斜する地形の中に平安京は設計されている。

平安京の広がり

新しく造営された平安京は、古代国家の都城として画期的な意味をもつ都市であった。その一つは、複都制を廃したことである。中国風の都城は天武朝に造営が開始された藤原京に始まるとされるが、以後の平城京の時代を通して、中央の都城としての藤原京・平城京とならんで、副都として位置づけられる難波宮が存在した。しかし平安京に先立つ長岡京の中枢である長岡宮の造営は、律令制国家が、大和盆地の首都とともにもう一つの恒常的な宮として置いてきた難波宮の諸施設の解体・移建として始まり、ついで平城宮の諸施設が解体・移建に加えられるという手順で実施されたと考えられている（清水みき「長岡京造営論――二つの画期をめぐって――」）。長岡京とそれを引き継ぐ平安京の造営は、国家にとって唯一の都を建設すること、すなわち権力の中枢である都市を一元化する作業でもあった。

一方、新京に移住して国家の行政機関の運営や作業に携わる貴族・官人たちにとっては、山城盆地に作られた平安京は馴染みのない土地であったと考えられる。国家行政を担当する多くの氏族は、伝統的に大和盆地に勢力をもって発展してきたものであり、山城盆地には政治的基盤をもたない。山城盆地周辺に分布するのは、賀茂氏や、秦氏・百済王氏などの渡来系氏族であり、権力の中枢にはかかわらない氏族にすぎなかった。平安京に本貫（本籍）を移した官人たちは、自分たちの故地から切り離され、新京で生きる道を強制されたともいえよう。

平安京は宗教面からみても特徴的な位置をもっていた。桓武天皇の遷都の背景には、平城京に拠点をもつ仏教勢力を排除する意向があったともいわれるが、事実、平城京の寺院は旧京に残置され、新都である平安京内には東西の官寺以外に寺院の建立は認められなかった。もちろん、桓武天皇は、国家にとっての宗教的機能の必要性そのものを否定したのではない。彼は、自らの時代にふさわしい、国家護持のための新しい仏教を必要としていたのである。この方針によって、東大寺や西大寺・大安寺・薬師寺のような国家的寺院ばかりでなく、藤原氏の興福寺に代表される各氏の氏寺《うじでら》も、すべて平城京の故地に残されることになった。そしてそのことは、平安京に移住した貴族・官人たちにとっての宗教的機能が、依然として南都に存在することを意味したのである。したがって平安京で生活する彼らは、氏の仏教祭祀に際して、必要に応じて平安京と南都とを往き来しなければならなかった。しかしこの結果として、南都は大寺院を中心とする独自の発展を遂げ、また、両都市間の中継拠点としての宇治の将来的発展も約束されたのである。

平安京と河川

平安京の造営事業は、従来の交通体系を、新しい京を中心とする新たな交通体系に改編する作業でもあった。

陸上交通の面では、平安京造営の中心軸である朱雀大路が鳥羽にまで直線で延長されたが（作道《つくりみち》）、この道から羅城門の南で東方向に東海・東山・北陸道が、西方向に山陰道が分岐し、さらに鳥羽では西南方向に山陽・南海道が接続したとみられている（足利健亮『日本古代地理研究』）。東海・東山両道と北陸道とは山科盆地の東北端で分岐し、逢坂山（大関越え・小関越え）を越えて近江国に入り、山陰道は樫原《かたぎはら》から老の坂を越えて丹波に、山陽・南海道は山崎を経由して摂津・河内へ通ずる。

もちろん、これらの官道（駅路）以外にも、諸方から京への道が開かれたに違いない。承和九年（八四二）の承和の変に際しては、大原道・大枝道（山陰道）・宇治橋・山崎橋・淀渡《よどのわたし》の五道が警護されたが、このうちの大原道は前述の官道とは別の若狭方面への道であった。また、天暦三年（九四九）五月には、「粟田山路」が破損して車馬の往還に支障が生じたため官使を派遣して実態を調査するよう山城国に命ぜられており（『日本紀略』）、後世の東海道である粟田口・蹴上・日ノ岡を経て逢坂関へ向かう道が、この頃すでに重要なルートとして利用されていたことが知られる。京都大学構内からは、白川道（山中越）とみられる遺構が見つかっている。開削され

図１　平安京周辺の道と津

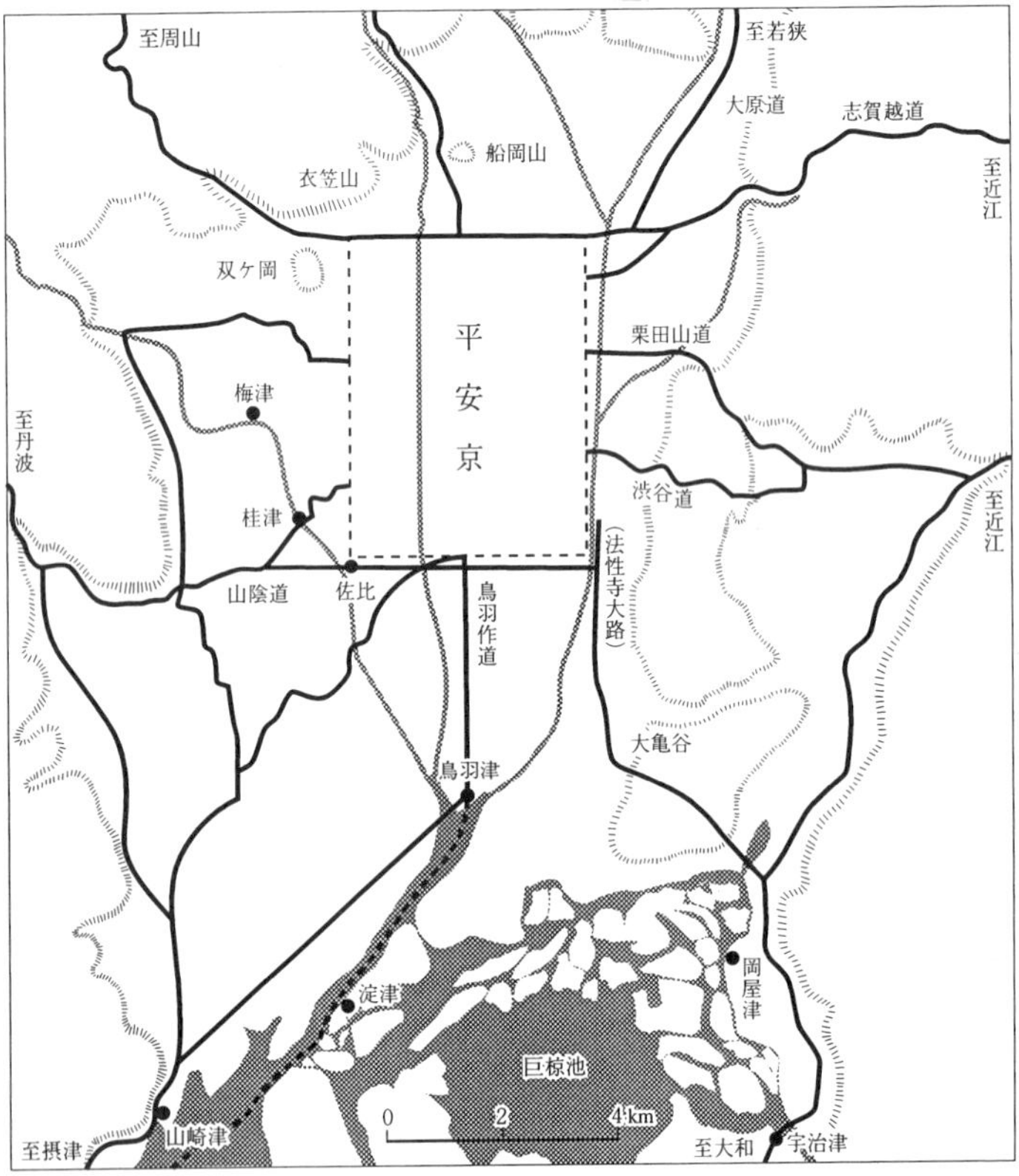

る時代はさまざまであったろうが、平安京の外周には、京外から大路に繋がる道がいくつも通じていたのである。

河川についてはどうであったろうか。「山河襟帯」という表現にもみられるように、平安京はそれを取り巻く河川とも密接なかかわりをもって存在していた。

平安時代前期頃までの文献史料には、賀茂川（鴨川）・葛野《かどの》川（大堰《おおい》川・桂川）のほか、佐比《さひ》川・堀川（東堀川・西堀川）・松崎川・埴川・芹川・中河・泉河・宇治川などがみえる。

賀茂川は、平安京の東郊を南流する河川であり、その位置から東河とも呼ばれた。後世には、高野川との合流点を境に上流を賀茂川、下流を鴨川と表記するようになり、平安時代の史料にもそれらしい意識を感じることはできるが、しかし厳密な使い分けはしていなかったらしい。平安京とのかかわりから述べる本章では、これ以後は便宜上、鴨川と表記することにして話を進めよう。松崎川（松前川）は松ケ崎を流れる高野川の別称で、埴川も同じ川であるとする見方がある。葛野川は山城盆地北部の開発を進めた秦氏により「葛野大堰」が築かれたので、大堰川（大井川）とも称された。平安中期以降の史料には桂川とも書かれる。佐比川は平安京の南郊にあたる葛野川の下流の呼称であった。芹川は天竜寺の近くを流れる川とも、嵯峨野の宮の付近の小川ともいう。泉川は木津川、宇治川は現在の宇治川である。かつては、宇治川下流の槇島付近から現在の宇治川・木津川・桂川が合流する辺り一帯にかけて巨椋池《おぐらいけ》という広大な沼沢地が存在しており、平安京の南方の景観は現代とはだいぶ異なっていた。堀川・中河については後述しよう。

これらの河川の数カ所には、橋・渡・津が設けられていた。宇治川の宇治橋（宇治津）・岡屋津・淀津・山崎橋、木津川の泉木津（泉橋）、葛野川の大井津・楓《かつら》（桂）渡（津）・佐比橋（佐比津）などは早くからみられる例で、平安中期以降になると鳥羽津・梅津などの名もみられるようになる。

これらの橋や渡津の幾つかについては、長岡・平安両京造営期の史料にも記事が散見される。例えば、長岡京の造営期の延暦三年（七八四）には、阿波・讃岐・伊予の三国に山崎橋造営の料材貢進が命じられている。平安京の造営期になると、延暦一五年に佐比川橋が建設され、同一六年には宇治橋の修造が命じられ、また同一八年には楓津と佐比津に度子（渡守）が置かれた。延暦二三年には、桓武天皇が与等（淀）津に行幸している。佐比橋（渡）と楓渡はともに山陰道方向の、宇治橋は南都方面の、山崎橋は山陽・南海の両道が分岐する渡河点にあたっており、淀津は難波方面からの重要な川港で平安京の外港の位置にあった。

また、平安京と命名した延暦一三年の詔の中には、天智天皇の旧都（大津宮）というゆかりにより、近江国滋賀郡の古津を大津と改称することが命じられている。大津は、いわば平安京の東の外港であり、延暦一三年の措置は、大津を平安京の東海・東山・北陸の諸道に対する交通（湖上交通）の拠点として位置づける意味をもつものであった（舘野和己「古代国家と勢多橋」）。

こうしてみると、平安京が広い空間を視野におさめた都市であったことは、河川交通からも裏付けられるだろう。琵琶湖を通じて北陸・東山・東海に接続する大津、淀川を通じて難波・瀬戸内に接続する淀を東西の外港とし、勢多《せた》橋・宇治橋・山崎橋で道路交通と河川交通を結合させる構想をもち、これらの地点に囲まれた範囲を平安京をコアとする外的空間として設定しているのである。

それでは、これらの橋や渡津はどの程度整備され、いつ頃まで維持されたものであろうか。

橋と渡津

弘仁元年（八一〇）九月、嵯峨天皇と対立する平城太上天皇が東国に向かったとの報に接した朝廷は、坂上田村麻呂・文室綿麻呂《ふんやのわたまろ》らを邀撃《ようげき》に向かわせる一方、宇治橋・山崎橋と与度（淀）市津の三カ所に警備兵を駐屯させた。いわゆる平城上皇の変（薬子の変）である。承和九年（八四二）、嵯峨上皇の死を契機に発生した承和の変に際しても、宮城・京・三関《げん》（鈴鹿関・不破関・逢坂関）と並び宇治橋・大原道・大枝道・山崎橋・淀渡が警固された。この後、天皇・上皇の崩御や譲位にともなう固関《こげん》に際しては、三関とともにこの三カ所の橋・津にも使者が派遣され、警備を固めることが慣例になった。宇治橋・山崎橋・淀津は、平安京の政治的安定とも結びつく重要な交通上の地点であったのである。

また、宇治橋・山崎橋と近江国勢多橋の三橋だけは、『延喜式』（雑式・主税式）に補修にかかわる料材の貢進や経費計上などの具体的な規定がみえる。ここには、これら三橋が平安京周辺の交通の要衝として国家的に重視されたことがよく示されているといえよう。

しかしながら、これら平安京周辺の橋の維持は、必ずしも円滑に行われたわけではなかった。例えば、史料が比較的多く残る山崎橋（河陽《かや》橋とも呼ばれる）をみると、一〇世紀前期まではしばしば流失や火災、あるいは橋守の設置や修理用の料材運搬などの橋に関係する記事がみえるのに対し、一〇世紀の末になると浮橋の架設や舟による渡河の記事しかみえなくなる。

これらの記事からは、国家による山崎橋の維持が一〇世紀半ばを最後にして放棄されたことがうかがえる。基本的には、流量の多い大規模河川における橋梁の恒常的な維持が、架橋素材や技術の面から物理的に困難であったこと、その結果、財政的な問題をともなわざるをえなかったことによるのであろうが、しかしそれだけではない。橋守の設置を命じた天安元年（八五七）の太政官符（『類聚三代格』）によれば、橋板の上に糞土が積もりやすく清掃が必要であること、橋の川上にある「蔵屋」や舟船が洪水の時に流出して橋梁を破損する危険性があることが設置の理由とされている。「蔵屋」と呼ばれる恒常的な物資の収納施設が存在するほどに発展し、牛馬の糞土がたまるほどに通行量が多かったということであろうが、他方、橋を維持するための日常的な管理体制が欠如していたということでもあり、こうした脆弱な管理体制にも原因の一端は存したのである。しかも、この官符によれば、橋守とともに「橋辺有勢人」、すなわち在地の有力者の力を利用する管理形態をとらざるを得なくなっているのであり、こうしてみると負担の大きい橋梁の維持から、それを放棄し渡津機能を維持する方策への転換は必然的であったとも解しうる。

国家的な橋の維持策が一〇世紀をもって終わりを告げるのは、山崎橋だけのことではなく、宇治橋や勢多橋でも同様であったようである。

そもそも橋梁・渡船などの施設の整備・維持管理に関しては、律令国家は消極的であったとされる。たしかに六国史をみても、奈良時代における国家的な架橋の記事は、平城京や恭仁《くに》京・長岡京の造営にかかわる架橋令などわずかな例にすぎず、渡船に関しては記事すらない。平安時代にはいると、国家による架橋・渡船や浮橋を架ける記事は幾分増えてくるが、国家にとっては、基本的に税物の中央への貢進時に交通が保障されればよいのであり、そのためには一時的架橋や臨時の渡船や浮橋の設備でもかまわなかったのである（舘野和己「律令国家の渡河点交通」）。平安京周辺の河川をみても、先にあげた延暦一八年の楓・佐比の渡守の配置令は、平安京西郊を流れる葛野川が洪水のたびに「徒渉」できず、とくに冬季にはこうした状態が交通上の著しい障碍となることから措置されたものであった。京近郊の葛野川ですら渡河の形態は「徒渉」であり、とくに政府が措置しない限り、渡船の設備も不十分であったのである。

もちろん、古代における架橋・渡船整備には民間の手によるものもあったが、その中では僧侶などが知識（事業に参加する仏教信仰者）を募って行う事業の役割が大きかった。こうした僧侶・知識の架橋活動は、中世の僧侶の橋勧進へも繋がる活動であるが、道登（もしくは道昭）の宇治橋架橋や、行基の泉大橋・山崎橋などの架橋（『行基年譜』）はその代表例として知られている。だが、こうした橋の維持も容易ではなかった。例えば貞観一八年（八七六）に泉橋寺に対し渡船・橋の維持のための徭夫二人の支給を認めた太政官符（『類聚三代格』）をみると、山城国に対し天長六年（八二九）と承和六年（八三九）の二度の官符で命じられた徭夫の支給が遵守されず、このため管理人がいなくて橋や渡船が流失してしまったことが述べられている。渡河施設の維持が寺や知識の力だけでは困難であったことのみならず、国司側が恒常的な維持に関して消極的であった姿勢を見てとることができるだろう。

橋・渡津のように多くの物資が集まる場所には、当然さまざまな人間が集まる。貞観一六年、従来京内の非違《ひい》検察を担当していた検非違使《けびいし》は、京周辺の津や近京の地まで、その管轄範囲を広げることになった（『日本三代実録』）。犯罪者が検非違使の取り締まりを避けて京縁辺の地、とりわけ山崎・淀・大井の各津に集まり、非法行為を行っている事態に対応したものである。検非違使のこの権限は、翌貞観一七年頃に撰定された検非違使式に収載された（『政事要略』）。寛平六年（八九四）には、検非違使は一〇日毎に大井・淀・山崎・大津などの非違を検察するようになっている。

また、貞観九年の太政官符では、山崎・大津において、諸司・諸家の人々が自身の所属する役所や貴族の威をかりて車馬を強引に雇う行為が指弾され、禁止措置が命じられている（『類聚三代格』）。九世紀後期〜一〇世紀にかけてその行為が指弾される諸司・諸家の人々とは、私財によって衛府の舎人《とねり》などの下級官人の地位を買ったり、中央の有力貴族と個人的な関係を結んだりする一方、土地を開発・集積し、国司の徴税に抵抗する地方の富豪農民であったが、彼らはまた京周辺の津における非法行為の当事者でもあったのである。橋・渡津は、物資の運送にかかわる人々ばかりでなく、「有勢人」や下級の官人・犯罪者・検非違使など多様な人々が入り交じる猥雑な場所でもあった。

鴨川と橋

これまで、鴨川が「東河」として流れる平安京と、京にかかわる道や河川の動向をみてきた。とりわけ河川をめぐる歴史的動向も念頭において、いよいよ鴨川と橋の話に入ろう。

京に接する河川であるにもかかわらず、鴨川にはただ一つを除いて本格的な橋は架けられていなかった。そのただ一つの例は「韓橋（辛橋）」である。ただし、唐橋というのが羅城門の南にあったので、この橋と鴨川の韓橋とは区別して考えねばならない（村井康彦『平安京と京都』）。鴨川の韓橋がどこに架かっていたかは明確ではないが、『拾芥抄』に載せる左京図によれば、九条坊門小路には韓橋小路という通称もあったらしく、平安京の九条坊門小路の東の延長部、すなわち現在の東寺通の延長部でＪＲ奈良線が鴨川を横断している少し南に「鴨河韓（辛）橋」があったと推測される。この韓橋の東端は、当然に、法性寺から宇治を経て南都へ向かう道（後の法性寺大路）に通じていたであろう。

韓橋に関する記事は、『日本三代実録』元慶三年（八七九）九月二五日条に「是の夜、鴨河の辛橋に火つけり。大半を焼き断つ」とみえるのが初見で、同書の仁和三年（八八七）五月一四日条には「是の日、始めて韓橋を守る者二人を置き、山城国の徭丁を以てこれに充つ」と、焼失後に再建された韓橋に、山崎橋や泉大橋と同じように橋守による管理体制が敷かれた記事がみえる。山城国の徭丁を橋守にあてるとあるから、橋の管理には山城国が当たることになっていた。

しかし、山城国は橋守の設置を当座の措置とみなしていたらしい。『類聚三代格』に載せる延喜二年（九〇二）七月五日の官符では、「造彼橋（韓橋のこと）預《あずかり》」である西寺別当からの橋守の復活を要望する牒《ちょう》状を受けて、山城国に対し永く徭丁二人を橋守として置くべきことが命じられている。西寺別当の牒状によれば、韓橋は往還の要路であり、通行の途絶えることがなく、夜行者のともす燭《しょく》の落し火が橋の害になっていた。仁和三年（八八七）に命じられた橋守がわずか一五年後には存在していないわけで、橋の管理に対する山城国の姿勢は、木津川の橋と同様に韓橋に対しても消極的であったのである。

延喜二年の官符で注目すべきことは、西寺別当が「造彼橋預」と称しているように、韓橋の築造と維持管理の実務を西寺が担当していたらしいことである。実はこうした例は他にもみられ、東海・東山両道の架橋・渡船整備を命じた承和二年の官符（『類聚三代格』）でも、講読師と国司の検校の下で「預」である大安寺僧忠一が修造にあたり、その経費は正税・救急料稲などの国の財源から支出され、いったん修造した後は同様の財源をもって講読師と国司が修理するものとされていた。「造韓橋預」という表現からみて、韓橋も、経費は山城国の財源をもって充当されたものの、その修造・維持管理は西寺の僧を中心とする人々によって担われたのであろう。鴨川により近い東寺ではなく、西寺が維持管理にあたるのは、僧綱所が置かれるという西寺の官寺としての性格が反映したものと考えられる。この後、韓橋の名は、天慶二年（九三九）の公卿らの鴨川堤巡検の記事を最後にみえなくなる。

少し話がそれるが、貞観一一年（八六九）に、散位正六位上弘野河継という人物が「佐比大路の南極の橋」を私費で修理するとともに、私財を佐比寺に付して橋の維持費にあてることを申請し、認められた。申請理由は、当該橋が要路にありながら死者の棺をのせた馬の通行にも堪えない状態になっており、利用者の不便を見るに忍びないというものである。佐比大路の南極の橋とは山陰道に架かる佐比橋のことと思われるが、この記事からも京近郊の主要路の橋ですら国家による維持管理が不十分であることと、他方、架橋や橋の維持には佐比寺のように寺院がかかわるようになることが少なくないことが知られる。京周辺の橋は、寺院の活動と強い関係をもって存在するものでもあった。しかしながら、この佐比橋も韓橋も、史料上からは一〇世紀中期以降はみえなくなる。

前章でも述べられているように、古代において、鴨川は基本的に人・馬などが歩いて横断するものであり、橋の存在は例外であった。せいぜい流れに当る部分に仮橋のようなものが設けられているにすぎなかったのではなかろうか。その背景には、葛野川や宇治川・淀川などと異なり、鴨川の流量が渡渉を阻害するほどのものではなかったことがあげられよう。もちろん増水時にはこの限りではなく、例えば万寿元年（治安四年＝一〇二四）には、永円僧都が乗車して鴨川を渡る間に突然の出水に遭い、車ごと流されて危うく助けられるという事件も起こっている（『小右記』）。岩倉にあった観音院という寺院から京に入る途中でのことであり、渡河地点がどこであったかはわからないが、乗車したままで渡っているという通常状態での渡河の仕方や、降雨後の急激な増水といった鴨川の特徴がよくあらわれた事件であるともいえる。時代は下がるが、「年中行事絵巻」や「洛中洛外図屏風」などに描かれた鴨川の渡渉や漁や川遊びの場面でも、人の脛程度の水量しか描かれていない。急激な出水・増水は確かに渡渉の困難をもたらすが、鴨川の場合それは短期にとどまり、古代においては通常それほどの生活上・交通上の障碍とはならなかったのである。

反対に、渇水の記事もある。寛弘元年（一〇〇四）は夏から旱続《ひでり》きで雨がほとんど降らず、一一月には四条以北の京中の井戸が涸れる状態となった。この時、鴨川は三条以北の流れが尽きたという（『御堂関白記』）。

ところで、藤原道長は他の貴族たちを連れて何度か宇治の別業に遊びに出かけているが、多くの場合、利用するのは舟であった。長和二年（一〇一三）一〇月の宇治行は公卿・殿上人をあわせた同行者が二〇余人という大掛かりなものであったが、道長は辰時（午前八時前後）に邸宅を出て道々参加者と合流し、「賀茂河尻」より舟に乗り、戌時（午後八時前後）に宇治に到着。翌日も舟で帰京した。寛弘四年の金峯山《きんぶせん》詣の時は、土御門《つちみかど》第を出て中御門大路・大宮大路・二条大路を経て朱雀大路にいたり、羅城門を出て、やはり「鴨河尻」から舟に乗ったとある（『御堂関白記』）。「賀茂河尻」は他の史料にもみえ、例えば長元元年（一〇二八）九月に、南都から藤原資平《すけひら》が養父実資《さねすけ》に書状を送り、病気のため舟で参上するので迎えの車をよこしてほしいと指定した場所が「鴨川河尻」であった（『小右記』）。

この河尻の場所はよくわからないが、河尻という表現からは、鴨川と桂川が合流する鴨川最下流部にあった津と推測できよう。一〇世紀末には、鴨川にも河尻という舟運の拠点が成立していたのである。しかしながら鴨川と舟とのかかわりが河尻にしか見いだせないことは、河尻より下流が舟の通行区間であり、それよりも上流の鴨川は舟運には向かない河川であったことをも同時に物語っている。

長和二年（一〇一三）八月、伊勢斎王当子内親王は三条大路・洞院東大路・二条大路などを経て二条大路の末の河頭で禊《みそ》ぎを行い、その後、二条大路を経て美福門から宮城に入った。寛仁元年（一〇一七）九月の斎王嫥《せんし》子内親王の場合は、待賢門を出て東洞院大路を南行、二条大路を東行して賀茂河原にいたり、河原祓所で禊ぎをし、往路を逆行して一条大路に出、これを西行して野《のの》宮《みや》に入った（『左経記』）。嫥《せん》子内親王の場合は経路の詳細がわかる稀な例であるが、このように平安京から伊勢への群行に向う斎王は、一般に、野宮に入る前に鴨川で禊ぎをすることが慣例となっていた。

鴨川と禊《みそぎ》・祓《はらえ》

伊勢斎王の禊ぎはおおむね八月に行われたが、その場所は必ずしも当初から鴨川に固定していたわけではない。平安初期の桓武朝から嵯峨朝にかけては、延暦一六年（七九七）の布施内親王、大同三年（八〇八）の大原内親王、弘仁二年（八一一）の仁子内親王らの歴代斎王は、野宮に入る前に葛野川で禊ぎを行っている。伊勢斎王の鴨川での禊ぎの初見は淳和天皇時代の天長七年（八三〇）八月の斎王宜子女王の例で、続く仁明朝の斎王久子内親王も鴨川での禊ぎの後に野宮に入り、以後、この形式が常態となった。もともと宮城外の浄所に設けられていた野宮が、平安

図2　平安京図

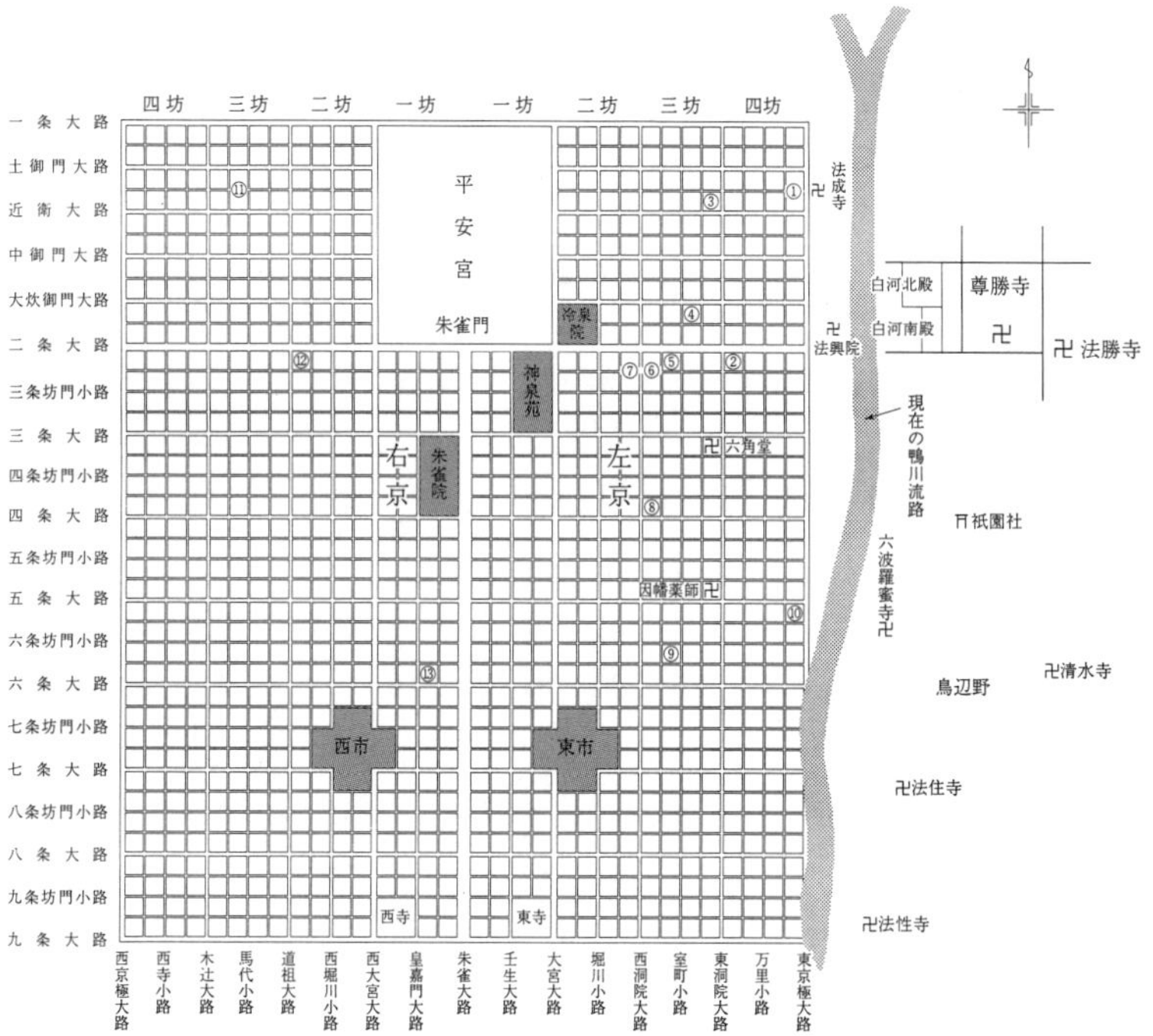

①土御門第（藤原道長）　⑥東三条第（藤原兼家）　⑪府立山城高校内邸宅跡
②二条第（藤原道長）　⑦堀河院（藤原兼通）　⑫市立西京商業高校内邸宅跡
③枇杷殿（藤原道長）　⑧四条殿（藤原公任）　⑬京都リサーチパーク内邸宅跡
④小野宮（藤原実資）　⑨池亭（慶滋保胤）
⑤鴨院（藤原兼家）　⑩崇親院

京の時代には嵯峨野におかれた以上、禊ぎの場所としては葛野川の方が都合がよかったはずである。平安京の初めの頃の斎王の禊ぎの場が葛野川であったのは、おそらくそのためであったろう。それが淳和・仁明朝を境にして禊ぎの場が鴨川に変化し、それが固定するのは、平安京にとっての鴨川が葛野川と異なる特別な意味をもつと認識されたからにほかならない。

斎王といえば、平安時代には賀茂斎王も卜定《ぼくじょう》された。伊勢斎王と区別して次第に斎院と称せられることが多くなったが、伊勢斎王と同様に未婚の皇女を賀茂神に奉仕させるもので、嵯峨天皇の皇女有智子内親王に始まり、その成立は弘仁元年（八一〇）とも（『賀茂斎院記』）、弘仁九年（『帝王編年記』）ともいわれる。賀茂斎王に選ばれた場合も、まず鴨川で禊ぎを行い、宮城内のしかるべき場所で二年間の潔斎《けっさい》をし、その後再び鴨川で禊ぎをした後に賀茂斎院に入り、賀茂神への祭祀に務めることになっていた。賀茂斎院は紫野院とも呼ばれ、京都市北区の大宮盧山寺通の西北に所在した（現在、その一隅に七野《しちの》神社がある）と考定されている（角田文衞「紫野斎院の所在地」）。

重要な儀式に際して鴨川で禊ぎを行ったのは、必ずしも斎王だけではない。天長一〇年（八三三）一〇月、この年二月に即位した仁明天皇は、即位にともなう大嘗会のための禊ぎを鴨川で修した。この方式は文徳天皇にも受け継がれ、以後の歴代天皇はいずれも大嘗祭の前の修禊《しゅうけい》を鴨川で行うようになる。天皇の禊ぎの場も、斎王と同じく二条大路の末の河原が利用されたらしい。

貴族たちもまた、鴨川での禊ぎを行った。藤原道長の『御堂関白記』をみていくと、しばしば「出東河解除」あるいは「出河原解除」などの記事に出くわす。東河とは鴨川、解除とは禊ぎのことで、すなわち鴨川での禊ぎの記事である。道長にとって鴨川は、神社への祭使・神馬使の発遣や不奉幣の際に、あるいは坎日《かんにち》や物忌《ものいみ》などの暦運・卜占に際して、またあるいは自身の病気や体調不全など、さまざまな機会に禊ぎをする場所であった。もっとも道長の場合、彼の中心的な邸宅であった土御門第（上東門第）は一条の京極にあり、鴨川に近い位置にあった。

奉幣しない場合にも解除するのは、不敬による神の祟りを恐れたからである。『御堂関白記』長徳元年（九九五）七月の記事をみると、前月の六月末から道長は初めて氏の印を用いるようになったのだが、使用に先立って氏長者《うじちょうじゃ》として鹿島・香取・春日・大原野などの諸神に報告するべき手続きを怠ったため、鴨川で解除したとある。寛弘元年（一〇〇四）九月には、賀茂社に参詣すべきところ、憚ることがあり不参となったので、解除を行っている。このように解除には、身についた穢れを除去するだけではなく、身にふりかかる可能性のある災厄を未然に防ぐという役割もあったわけである。

『御堂関白記』には、また七瀬祓《はらい》の記事も載っている。七瀬祓は鴨川の七カ所（上流から、賀茂川と高野川の合流点にあたる川合と、一条・土御門・近衛・中御門・大炊御門・二条の各大路の端にあたる場所）で行う祓のことである。この二条大路の末から川合にいたる区間で、長和元年（一〇一二）には道長の、寛仁元年（一〇一七）には一条院の七瀬祓が行われた。一条院の時は、瀬ごとに平張《ひらばり》を立て、川合に庁屋を設けて酒肴を出したという。上達部《かんだちめ》の平張が風で吹き飛ばされたというから、参列者の身分に応じて幾つもの平張が立てられたものであろう。

藤原実資が誕生した女児に鴨川の水を産湯《うぶゆ》に用いたのも（『小右記』）、こうした禊・祓の川である鴨川の水の効用を期待したものであろう。また、藤原行成《ゆきなり（こうぜい）》が母と外祖父の遺骨を掘り出して焼き、その灰を小桶に入れて近衛大路末の鴨川に流したのも（『権記』）、鴨川の清浄さと深くかかわるものであった（朧谷壽「平安時代の鴨川」）。

これらの事例からみられる修禊の川としての鴨川の機能は、本来的には上賀茂・下鴨両社の神域から流下し、両社の神事ともかかわるという、鴨川そのものの性格に由来したものであろう。承和一一年（八四四）の鴨川上流における遊猟・屠殺の禁止令と、同年の上下両社付近の河原及び野の禁護令、元慶八年（八八四）の賀茂神山における狩猟の禁止令（『類聚三代格』）などは、いずれも両社の神域にあたる鴨川上流の清浄を保つための施策である。しかし天皇・斎王らの修禊を考えた場合、両社の神域にかかわるというだけでは説明が十分ではなかろう。

天皇・斎王たちの修禊をみていくと、どうやら天長年間の淳和・仁明朝あたりを境に、国家にとっての鴨川の役割が変化したことがうかがわれる。両朝に先立つ嵯峨朝は、修理職《しゆりしき》・坊城使の設置による坊城・坊門の整備、街路清掃令・閑廃地開発令による京中整備の推進、左右京職の充実など、平安京にとって注目すべき施策が次々と行われた時代であった。これらの政策は、京としての儀容を整えるとともに、その粛清された状態を保持することに目的があり、検非違使の設置もその関連で理解されるという（北村優季「平安初期の都市政策」）。

鴨川の治水を担当する防鴨川使《ぼうかし》が設置されたのも嵯峨朝であり、上記の観点からは、防鴨河使に修理職や坊城使と同様の性格を指摘することもできるだろう。賀茂斎院の創始も嵯峨朝であった。結論からいえば、嵯峨朝の諸々の施策を通じて、平安京に隣接して流れる鴨川は、古来の神聖な河川というだけにとどまらず、王城としての平安京を浄化し、その粛清を保持するために無くてはならない機能をもつ河川として認識されるようになったのである。そしてそれこそが、鴨川での修禊や賀茂社の祭祀を国家的行事へと昇華させ、鴨川ともかかわる信仰のために皇女を奉仕させる斎院の制度化への大きな背景を構成するものではなかったろうか。

三条以南の鴨河原

前節でみたように、おおむね二条以北の鴨川は、天皇や貴族の禊・祓の場であり、国家や王城である平安京あるいはそれを支配する人々の清浄さを保つための役割を強くもつ区間へとその性格を変えた。では、それより下流の鴨川はどうだったのだろう。

承和九年（八四二）一〇月、朝廷は左右京職と東西悲田院に命じて、嶋田（所在地は不明）と鴨河原に散乱する髑髏五千五百余頭を焼かせ、葬らせた。鴨川の河原は埋葬地としての機能ももっていたのである。鴨川の河原周辺が葬地として設定された史料はないのだが、葛野川（桂川）の河原に関しては、貞観一三年に葛野郡の荒木西里《あらきにし》・久受原里《くずはら》と紀伊郡の下石原西外里《しもいしはらにしそと》・下佐比《しもさひ》里・上佐比里《かみさひ》にそれぞれの郡の葬地が設定されている。いずれも葛野川（桂川）の河原とその周辺の地であり、「百姓葬送之地、放牧之処」であった（『類聚三代格』）。昌泰四年（延喜元年＝九〇一）の太政官符によれば、鴨川の河原も、三条以南は京の人々や税を貢進してきた人々の放牧地の機能を有していた（『類聚三代格』）。三条以南の鴨河原は、このように放牧地・埋葬地として京にかかわる庶民に利用された空間であったのである。

平安京内には私寺の建立が認められなかったが、しかし京が自立した都市として発展を遂げるためには、必然的に、京に住み、京に生きる人々にとっての宗教的機能の場が求められなければならなかった。平安前期の多くの寺院は、鴨川の東か、あるいは山科・嵯峨野といった京外に設けられている。鴨川の西で京に接する場所での私寺の早い例は、行円の一条革堂《こうどう》であり、京内私寺の最も早い例は六角堂・因幡堂で、いずれも一〇世紀末から一一世紀に降るものである。

鴨川下流の東には京を代表する葬地鳥辺野《とりべの》があり、五条・六条辺りの河原はその鳥辺野へ向かう道筋に面していた。この付近の鴨河原は、市の聖《ひじり》と称された空也の布教活動の舞台でもあった。応和三年（九六三）、空也は鴨河原で般若経を供養して万燈会《まんとうえ》を催し、東岸に一堂を建立したが、この堂が六波羅蜜寺の起源とされる。また『蜻蛉日記』は、「河原には死人も臥せりと見聞けど」と鴨河原の様子を記している。平安京南東部の鴨河原は、現世と幽界とを結ぶ場所であり、葬送や供養を通して貴賤の人々が集まり、僧侶が活動する場所でもあった。

ところで、先にあげた承和九年の記事は、悲田院とのかかわりでも注目される。悲田院は、施薬院とともに孤児や病者の収容施設で、平安京の南辺に東西悲田院が設けられていた。貞観一三年（八七一）の官符で定められた紀伊郡の葬地が、京南大路西ならびに悲田院南沼を北側の境としており、『日本後紀』承和一二年（八四五）一一月一四日条で「鴨河悲田」と表現しているところから見ると、悲田院は左右京の南辺の端に、すなわち東悲田院は鴨川の河原に近い場所に設けられていた。鴨河原の髑髏を悲田院に処理させるという方策は、悲田院がそもそも仏教思想にもとずく施設であったこともあるが、それが幽界に近い河原に接する場所にあったところからも考えられたものであろう。この東悲田院は、寛仁元年（一〇一七）の洪水で三百余人の収容者を流失するという被害に遭い、その後、三条辺へと移転される。

鴨川の河原は、また、賑給《しんごう》の場でもあった。賑給とは、貧窮者に対して国家が稲穀・塩・銭などを施す行為である。鴨河原は朱雀門の前あるいは朱雀大路とならび、この賑給の場所にしばしば選ばれ、『日本三代実録』には貞観八年と元慶五年（八八一）の二度、京中の貧窮者を「鴨河辺」に召集して賑給を行った記事がみえる。具体的な場所は記されていないが、貞観八年の賑給は左京の北辺四坊にあった染殿での観桜の行幸に、元慶五年の賑給は同じく染殿での御斎会《ごさいえ》にともなうものである。また長元四年（一〇三一）には、降り続く雨を止めることを祈願する使者を諸社に派遣するとともに、悲田院と鴨河堤の病者や困窮者に米が施された。こうした例は、三条以南の鴨川の河原が病者や貧窮者を集めやすい場所、すなわち平安京の下層民が多く集中する場所であったことを反映しているといえよう。

こうした京の下層民は、もとから京に住んでいた人々（京戸）や、京に流入した人々とから成っていた。一般に京・畿内は諸税のうち庸が免除されており、そのぶん他国に比べて負担が軽かったといわれる。しかし庸の免除は多分に京や宮などの造営の際に労働力として利用されることに対する代償措置のようなもので、実際に九世紀には臨時の雇役の多さにたえかねて畿外に流出する人々も出現したくらいだから、必らずしも一概に負担が軽かったというわけではない。雇役の徴発や調銭・徭銭の徴収は戸籍・計帳にもとづいて行われたが、この籍帳の制度は九世紀を通じて全国的に弛緩しつつあった。雇役や税負担にたえられぬ人々や、あるいは京に流入したものの自ら生活を維持できないような人々が、鴨川の河原の居住者の多くを占めていたのではなかろうか。

また、律令制下においては、山川・叢沢などの共益性の高い土地は、特定の所有者を定めず、公私がともに利用するものとされていた。その意味で鴨河原は、本籍地から逃れた人々にとって、京に近接した住みやすい土地であったといえるかも知れない。

こうしてみると、三条以南の鴨川と人々との関係もまた、都市としての平安京の変貌を深く反映するものであった。

「池亭記」と鴨川

慶滋保胤《よししげのやすたね》が一〇世紀末に著した「池亭記」は、右京が衰退し、左京のしかも四条以北を中心に平安京が発展しつつある様子を記すが、鴨川に関しても幾つもの興味深い記述を含んでいる。例えば、発展しつつある左京の四条以北では、高家（有力貴族）が小宅を併呑し、追い出された庶民は、鴨川の河畔に居住して「若し大水に遭えば魚鼈と伍」になったり、北野に居住して旱魃があれば渇乏する状態であること、鴨川の河辺野外は、水害のおそれがあることから崇親院《すうしんいん》の田地の耕作が許されているのみにすぎないはずなのに、家屋以外に田畠が開発され、「河」から引水して耕作されていること、洪水で鴨川の堤防が断絶しており、防鴨河使もその状態を放置していること、などである。こうした「池亭記」の描写は、当時の平安京をどの程度反映しているのであろうか。

まず、右京の衰退、左京の発展という大きな枠組みについて考えてみよう。発掘調査の例からは、全体に、右京部分にあたる地域の遺構が左京に比べ良好に残っていることがいわれている。

例えば平成一一～一二年には、平安京の二条大路に近い市立西京商業高校の敷地から平安前期にさかのぼる一町四方の苑池をもつ邸宅跡が検出されたが、この例は一〇世紀中期以降、同地が邸宅跡の大規模な破壊をともなうような利用をされなかったことを示している。府立山城高校の敷地や京都リサーチパークの敷地から検出された邸宅跡など、平安前期の規模の大きい邸宅跡が良好な状態で検出された地点はいずれも右京であり、これらは平安中期以降、右京においては活発な開発行為が展開されなかったことを物語っている。

京内を流れる東西堀川の変遷からも、右京の荒廃はある程度うかがえる。東堀川は平安京左京東二坊坊間路を、西堀川は右京西二坊坊間路を、それぞれ南流する河川であり、平安後期になると、両堀川を含む南北の通りは、川の名をとって「東堀川小路」「西堀川小路」と呼称されるようになる。ただし、平安中期以降の日記にみえる堀川は、概して現在の堀川、つまり東堀川を指すとみてよさそうである。右京三条二坊や同五条二坊の発掘調査からは、西堀川は平安中期に埋没し、代わりに野寺小路が流路化して野寺川ができたり、道祖《どうそ》大路を流れる道祖川が拡大したりしたらしいことが報告されている。こうした西堀川の廃絶やそれに代わる河川の誕生・拡大にともない、堀川といえば一般に東堀川を指すようになったのであろう。右京の各邸宅地の平安中期における廃絶と跡地利用の停滞とをあわせて考えると、「池亭記」のいうように平安京の都市としての比重が左京とその縁辺部に移転していったことは事実とみてよい。

鴨川付近における田畠の開発・耕作についてはどうであろうか。「池亭記」にある崇親院とは、居宅のない藤原氏の子女のために、貞観元年（八六〇）に藤原良相《よしみ》が奏請して左京六条の京極にあった私邸に開設し、施薬院に管理・運営させた施設である。崇親院の所領は四条大路の南、六条坊門小路の北、鴨川堤の西、京極大路の東にあり、五町の面積があった。

この崇親院の田地は、貞観一三年の官符で鴨川堤の東西で堤の害とならない公田以外の耕作が禁止されたことにより荒地と化したが、昌泰四年（延喜元年＝九〇一）に崇親院の申請により再び耕作が許可されるという経過をたどった（『類聚三代格』）。貞観一三年の措置は、田地開発にともなう用水開削によって堤防が壊されつつあること、また、鴨川の周辺の土地は牛馬の放牧地であり、田地開発はその場所を奪う結果となることを理由として、鴨川堤周辺の水陸田の耕作を禁止したものである。崇親院側の再耕作申請は、寛平八年（八九六）に三条大路と北辺（一条大路）間の二二町余の耕作が許可されたことを契機として出されたもので、当該田が堤の西方に五〜六段離れた位置にあり、池の水を利用するために堤防の害とならないことを根拠にしたものであった。

崇親院が申請の契機とした寛平八年の三条以北の耕作許可について、次にみてみよう。問題になった土地は天長年間から錦部《にしごり》郷の百姓の口分田で、前出の貞観一三年の措置によって耕作が禁止されたものの、本来の口分田であるという由来から国司が耕作を黙認してきた田地であった。

ところが寛平五年にいたり、新たな宣旨に従って検非違使は耕作を禁止し、収穫した稲も防河所（鴨川の治水を担当する防鴨河使の役所）に没収したのである。錦部郷の人々は、当該地での耕作の許可を求める愁状を、愛宕郡司《おたぎぐんじ》を通じて問民苦使に提出した。堤防の害にならない公田は耕作許可とする貞観一三年官符と、一切禁止とする寛平五年宣旨との矛盾が問題の発端であるが、口分田の耕作を禁止しながら調・徭は賦課するという扱いが郷民の不満を招いた一面もあるとみた問民苦使は、二度にわたって処理案を奏上した。

まず国司とともに実地に調査し、堤防の害となる場合は代替地を支給し、引水に問題がなければ耕作を認めること、さらにその後の調査結果にもとづき、堤の東西の水陸田二二町一九五歩の耕作を認めること、堤防の西の墾田は「中河《なかがわ》」の水を利用していて堤に害をなさないので開墾・耕作を許可すべきこと、当該地区は口分田と未墾地が入り交っているので放牧には不適であること、三条以南には荒廃した私田が五～六町あるのみなので、そこを放牧地とすべきことを奏上し、それが裁可されたのであった。昌泰四年の官符と寛平八年の官符の比較から、三条以南の荒廃私田が崇親院の田であること、三条大路と一条大路の間の田地が錦部郷民の耕作地であることは明らかである。昌泰四年の崇親院の申請は、寛平八年官符によって所有地が放牧地とされたことに対する所領保持をめざす反応であったとみてよい。こうしてみると、「池亭記」が書かれた当時、少なくとも鴨川の堤防の西側は水陸田と未開発地とが混在する状態にあった。

ところで、この鴨川堤の西に所在する田地が灌漑に利用していた「中河」は、東京極大路に沿って流れる川である。のちには今出川の下流部分をさし、現在は暗渠化して見ることはできないが、以前は鴨川の西を南流して相国寺の付近を通過し、現在の今出川通付近で屈曲し、東京極大路（現在の寺町通付近）を南流して六条付近で鴨川に合流していた。万寿四年（一〇二七）には中御門大路の末から西に中河の水を引いて高倉小路・春日小路・洞院東大路・大炊御門大路などに流しているから（『小右記』）、少なくとも二条以北は平安時代も同じところを流れていたとみてよい。また、寛平八年官符の「堤の西の中河の水を以て灌漑す。堤防の害と為すべからず」という文言からも、当時の中河の流路が後世と同じように堤防の西側を流れており、堤防を分断して鴨川から引水したような河川ではなかったことが示されているように思える。

「池亭記」は、昌泰四年の官符にある崇親院の田地の耕作許可のみをあげ、三条以北の田地については記述していない。鴨川の治水のところでも述べるが、「池亭記」には、保胤の邸宅のあった六条あたりに視線を据えて記述している部分もあることに注意すべきだろう。

鴨川の治水と洪水

鴨川の治水を担当する機関を防鴨河使《ぼうかし》という。嵯峨朝の弘仁年間に設置され、ほぼ平安全期を通じて官人の補任がみられる。その間、貞観三年には防葛野川使とともに廃止されて、その職務が山城国司の所管とされたり、あるいは延長四年（九二六）にも再度廃止されて、その職務が検非違使に付されたりしたが、そのたびに復活することになった。長官の別当以下、判官・主典の三等官構成で、その官人は検非違使との兼官が多かった（渡辺直彦「防鴨河使の研究」）。検非違使との兼官は、前述したように京の粛清を担当するという点で、京の浄化・粛清のための河川である鴨川の治水を担当する防鴨河使が、検非違使と同様の性格をもっていたことのあらわれといえる。

降雨後に急激な増水をみる鴨川は、時として京にその流水を放出することもあった。天長七年（八三〇）の洪水では、鴨川堤が潰断して横溢した流れが東京《ひがしのきょう》（左京）に流れ込み、多くの舎屋が損壊した（『扶桑略記』）。貞観一三年（八七一）閏八月には、おりからの長雨で洪水となり、京内の道・橋・人家など多数が流失し、被災者は左京で三五家一三八人、右京で六三〇家三九九五人に及んだという（『日本三代実録』）。崇親院のところでふれた貞観一三年の堤防周辺での耕作禁止令は、この洪水の直後に出されており、この時の鴨川氾濫に対応する措置であった。

摂関期の貴族の日記にも、幾度かの鴨川の洪水が記録されている。例えば天慶元年（九三八）六月には、鴨川の洪水で多くの舎屋・雑物を損失し、西堀川以西は一面海のようになり、往還不能になった（『貞信公記』）。当時廃止されていた防鴨河使がこの年の一〇月に復活しているのは、この洪水との関係で、堤防の修築が急がれ、鴨川治水の問題が重視されたからであろう。翌二年四月の賀茂祭の際には、河水が溢れて賀茂斎王が渡河できない事態が生じている（同前）。長徳四年（九九八）九月の長雨では、一条堤が決壊して鴨川の水が道長の上東門第（土御門第）に浸入し、海のようになったという（『権記』）。寛弘七年（一〇一〇）七月には、午後の雨で出水が起こり、堤防も所々破損した（『御堂関白記』）。最も多く洪水の記事を記録するのは藤原実資《さねすけ》の『小右記』で、天元三年七月、長徳二年閏七月、同三年三月、長保二年八月、寛弘五年八月、寛仁元年七月、治安二年四月・五月、同四年五月・六月、万寿五年五月の洪水が載せられている（小記目録）。実際の洪水の記録を二、三みてみよう。

長保二年（一〇〇〇）八月一六日、夜来の大雨で鴨川の堤防が決壊し、溢れた水が洛内に浸入して京極以西の人家の多くが流失した。道長の土御門第は庭と池の区別もつかぬほど水が溢れ、参入する人々は束帯の履襪《りべつ》を脱いだり衣袴を上で括ったりして往還し、公卿たちは馬に乗ったり人に背負われたりして水を避けたという（『権記』）。

寛仁元年（一〇一七）、この年は五月から雨が多く、とくに六月は連日雨で病死者もでるほどであったが、六月二九日以来の大雨で七月二日ついに鴨川の堤防が決壊した。京極のあたりが海のようになり、道長は法興院での御八講に参詣しようとしたが、院内とその前の二条大路の水が深く断念した。参入する人々は海を渡るようであったという（『御堂関白記』）。この時は一条以北の堤防が決壊し、京極大路や富小路は海のようになって京極あたりの家は皆流損し（『小右記』）、また悲田院の病者三百余人が流されたという（『左経記』）。

長元元年（一〇二八）九月三日、前日の大風雨で鴨川が決壊した。道長が建立した法成寺では、河水が東北の築地を破って流入し、東門・北門からも浸水した。また、中河の水も西門から浸入し、四方から水が流入して防げなかったという（『小右記』）。

これらの記事にみられるように、鴨川の洪水はおおむね一条付近の堤防が決壊することで起こっている。この地点は賀茂川・高野川の合流する、氾濫の起こりやすい場所であり、また、一条～二条は道長の土御門第や枇杷殿・法成寺、実資の小野宮邸など、上級貴族の邸宅の多くや関連する寺院が存在する場所であった。一条堤の決壊とそれによって起こる洪水の様子が貴族の日記に記録されたのは、この地域の性格と無関係ではない（勝山清次「平安時代における鴨川の洪水と治水」）。洪水の具体的状況の描写の範囲が一条～二条間や東京極～富小路周辺にとどまっているところは、彼ら貴族たちの行動と関心の範囲を端的に示しているといってもよいだろう。また、鴨川の洪水の被害が大きく感じられたのは、「池亭記」にいう都市部の左京東北部への発展により、市街地が鴨川により接近したところにも原因があった。貴族の日記にみえる洪水被害は、技術水準や堤防を維持管理する努力の問題のみならず、都市の拡大にともなう災害というべき側面もあったのではなかろうか。

ただ、洪水のたびに堤の決壊が記されているように、鴨川の堤防は決壊するごとに修築されていたようで、一〇世紀半ば～一一世紀前半当時、その負担は畿内と近江・丹波などの周辺国に割り当てられていた。寛仁四年（一〇二〇）の修築はその具体的な様子がわかる貴重な例で、五月一一日に近江・丹波と五畿内の七カ国の負担国が決定し、八月三日に防河始《ぼうかはじめ》となり、各国の担当範囲ごとに験札を立てて工事が開始された。このうち近江国の負担は川合社の西から賀茂社以南の一七〇丈の堤を築くことであったらしい（『左経記』）。五月二四日の記事によれば、この工事での近江・丹波の負担が過重であったらしいから、工事範囲全部を加算しても京の東側の堤全体の修築にはほど遠かったのではないかと思われる。

堤防のみならず流路の改修工事も試みられた。『御堂関白記』には、寛弘元年（一〇〇四）三月一〇日に「鴨河の新堀方、申時《さるのとき》を以て水を移す。瀧の如く落つ。旧流は水行かず」、同一二日に「防河の新水落つるをみる」、五月一一日に「鴨河の上方、一条より近衛御門の末に至るまで、水を落とす」、六月二日に「雨停《や》まず。鴨河の新堤を見るに、所々破る」など、この年の鴨川改修の記事がみえる。三月一〇日の工事は、『権記』には「防河の水、東流に移す」とあり、まず流れの東に新しい流路を掘削してそこに流れを移し、ついで旧流路を掘削して河床を下げるとともに堤を築き、その後に元の流路に水を戻すという手順で行われた（勝山清次・前掲）。この時の工事範囲は、一条～近衛御門の一キロメートルにも満たない区間であるが、寛仁四年の工事とあわせ、このあたりに鴨川堤の修築の実態があったのではないかと考えられる。

図３　稲荷祭の神幸の行列

鴨川堤は、しばしば公卿たちの巡検の対象となった。最も早い例は延喜九年（九〇〇）六月の巡検である（『貞信公記』）。天慶二年（九三九）五月の巡検では、中納言藤原実頼は陽明門から出て河原に出、賀茂下社から韓橋の北辺にいたるまで巡検し、三条の末の鴨川辺で幄を立てて饗宴を行った。長徳四年（九九八）一二月の蔵人頭藤原行成の覆勘（竣工検査）にともなう巡検では、陽明門を出て近衛大路・洞院東路・土御門大路・万里小路を経由し、戻橋路（一条大路）から賀茂下社の西の堤に出、堤の上を南行して六条以南にいたり、帰途についている。先の寛仁四年の修築にともなう同年九月の藤原道長の巡検は、賀茂下社より二条大路の末までであった。この時、『小右記』は「入道相国の作法、旧儀に異ならず」と記している。これらの例をみると、陽明門を出、賀茂下社付近の堤防に上がり、そこから南下していくのが鴨川堤巡検の定式であった。では、巡検の最終地点が韓橋であったり、六条以南であったり、あるいは二条であるのはなぜだろう。

その時の修築工事の範囲が反映していると考えるのは不自然である。天慶二年の巡検は韓橋付近、すなわち九条坊門小路という平安京の南辺付近にいたっていた。ここには、鴨川堤が平安京の東辺全域に及んでいたことが示されている。注意したいのは、長徳四年の巡検が「六条以南」の地で終了していることである。中河が鴨川に合流する地点は、後世では六条の南であるが、ちょうどそのあたりの鴨川は現在西に蛇行し、本来の平安京の東辺に食いこむ形となっている。一二世紀末頃の京の様相を示す「年中行事絵巻」の稲荷祭の部分をみると、七条通を東進してきた行列は、通からそのまま河原に向かい鴨川を渡河する（図3）。平安末の七条には鴨川堤は存在しない。これらから推測すると、行成が「六条以南」で巡検を停止したのは、そこがおおむね当時の鴨川堤の南端に近い地点であったからではないだろうか。他方、道長が賀茂下社から二条までの巡検に止めたのは、最高権力者道長の巡見を必要とする最も重要な堤の区間がその範囲であったことによるのであろう。

「池亭記」の作者慶滋保胤は、防鴨河使が堤防の破れを放置していると記述したが、彼の邸宅は六条坊門にあった。上記の推測に従えば、国家が維持管理する鴨川堤の終着点に近い位置である。それはおそらく、五位止まりの官人であった彼の心情とも呼応する環境でもあったろう。

摂関期において、鴨川堤の強固な維持がはかられたのは六条以北の地域であり、その中でも二条以北が重点区域であった。鴨川堤の変遷は、平安京が変化する中で、国家権力を独占する貴族層が自分たちの生活・政治空間のコアとして維持すべきと認識していた範囲を示しているのである。

院政期の鴨川

白河上皇が語った「賀茂川の水、双六の賽、山法師、是ぞ朕が心に随わぬ者」という言葉は、「天下三不如意」としてあまりにも有名である。それほどに鴨川の治水が困難であるいうことであるが、その背景には京のさらなる東への発展があったことも事実である。

『本朝世紀』康治元年（一一四二）六月一八日条には、鴨川堤の修復が近年行われていないだけでなく、貴賤の人々が次々と鴨東に居宅を設け、勝手に東岸に堤を設けており、その結果「京洛が殆ど魚鼈の害」となったと記している。東岸に堤が築かれた結果、増水した鴨川が東岸に溢れることがなくなり、旧来の都市域にまともに流れ込んでくるようになった事態を示しているのであろうか。もっとも院政期には白河を中心として鴨東の開発は進展していったから、増水した水がどちら側に溢れても、より大きな被害をもたらすことに変わりはなかった。同年八月には大炊御門の末以南の鴨川の河床を切り下げる工事が行われたが、その目的は白河上皇の御願寺などの水害を防ぐためであり、そこにはもはや京を水害から守るという意識も京に生きる人々全般への配慮もみられなかった。鴨川の治水工事の目的や実態は、都市としての平安京の変化のみならず、国家権力やそこに結集する貴族たちの意識に対応して変質していったのである。

〔参考文献〕

清水みき「長岡京造営論――二つの画期をめぐって――」（『ヒストリア』第一一〇号、一九八六年）
足利健亮『日本古代地理研究』（大明堂、一九八五年）
足利健亮「九世紀の平安京における堀川と鴨川堤をめぐって――村井康彦氏の批判に答える――」（『京都府埋蔵文化財論集』第二集、財団法人京都府埋蔵文化財調査センター、一九九一年）
金田章裕「郡・条里・交通路」（角田文衞総監修／財団法人古代学協会・古代学研究所編集『平安京提要』、角川書店、一九九四年）
舘野和己「古代国家と勢多橋」「律令国家の渡河点交通」（『日本古代の交通と社会』、塙書房、一九九八年）
村井康彦『平安京と京都――王朝文化史論――』（三一書房、一九九〇年）
角田文衞「紫野斎院の所在地」（角田文衞著作集第四巻『王朝文化の諸相』、法蔵館、一九八四年）
朧谷壽「平安時代の鴨川」（前掲『平安京提要』）
北村優季「平安初期の都市政策」（『平安京――その歴史と構造――』、吉川弘文館、一九九五年）
渡辺直彦「防鴨河使の研究」（『日本古代官位制度の研究』、吉川弘文館、一九七二年）
勝山清次「平安時代における鴨川の洪水と治水」（三重大学人文学部文化学科研究紀要第四号『人文論叢』、一九八七年）

〔挿図〕

図１　平安京周辺の道と津（財団法人平安建都一二〇〇年記念協会発行『平安京一二〇〇年』所収の「山城の古道」〔五五頁〕をもとに筆者作成）

図２　平安京図（『平安京提要』所収の「平安京条坊全体図」〔一〇四頁〕などをもとに筆者作成）

図３　年中行事絵巻（田中家蔵、出典：『日本絵巻大成』8、中央公論新社）

宇治橋――京の川の最初の橋　コラム①

京の川に最初に架かった橋で記録に残るのは、賀茂川の橋ではなかった。宇治川の橋である。その橋とて、正史にのこる架橋記事は、七世紀末のことである。しかし、より古く石碑に刻まれた記録があり、その石碑の上部三分の一ほどがのこっている。これが、宇治橋断碑と呼ばれているものである。寛政九年（一七九一）に宇治の放生院の中で発見され、全文と全体が現状に復原された碑が、いま同院（橋寺）の境内に建てられ、重要文化財にも指定されている。原文と訓み下し文を掲げておこう。

浼浼横流　其疾如箭　修修征人　停騎成市　欲赴重深　人馬亡命　従古至今　莫知航竿（葦）
世有釈子　名曰道登　出自山尻　恵満之家　大化二年　丙午之歳　構立此橋　済度人畜
即因微善　爰発大願　結因此橋　成果彼岸　法界衆生　普同此願　夢裏空中　導其苦（昔）縁

浼浼たる横流は、其の疾きこと箭《や》の如し。修修たる征人は、騎を停めて市を成す。重深に赴かんと欲しては、人馬命を亡う。古より今に至るまで、杭竿を知る莫し。世に釈子有り、名を道登と曰う。山尻（代）恵満の家より出づ。大化二年丙午の歳、此の橋を構立し、人畜を済度す。即ち微善に因りて、爰《ここ》に大願を発し、因を此の橋に結び、果を彼岸に成さんとす。法界の衆生、普く此の願いを同じくし、夢を空中に裹《つつ》み、其の苦縁を導かんことを。

この断碑は長い間、果たして本物だろうか、後世につくったものではないかと疑われてきた。いくつかの理由があった。主には、宇治橋を初めて架けたのは、次の史料では、宇治橋断碑に記す「大化二年」（六四六）より二〇～三〇年ものちの頃であり、しかも架橋を主導したのは、断碑に記す道登ではなく、道昭（照）（六二九—七〇〇）だとする記録があるからである。その記事（『続日本紀』文武天皇四年三月己未条）は、次のように記される。

……本朝に還帰す。元興寺《ぐわんごうじ》の東南の隅《すみ》に別に禅院《ぜんいん》を建て、住《すま》ふ。時に天下《てんか》の業を行ふ徒《ともがら》、和尚《わせう》に従ひて禅を学ぶ。後に天下を周遊《しういう》し、路《みち》の傍《へ》に井《ゐ》を穿《うが》ち、諸《もろもろ》の津済《つわたり》の処に船を儲《ま》け橋を造る。乃《すなは》ち山脊国の宇治の橋は、和尚の創《はじ》めて造れる者《もの》なり。和尚、周遊せること凡《おほよ》そ十有餘載、勅《みことのり》ありて還《かへら》むことを請《こ》ふ。還《また》禅院に住《す》む。……

つまり、道昭は、遣唐使に従って唐に留学し、帰国後は元興寺（＝飛鳥寺）の隅に禅院を建てて弟子の育成にあたった。だから、その「後に天下を周遊し……」とあるのは、天智天皇五年（六六六）頃から禅院にもどった十余年後の天武天皇八年（六七九）より以前のこと、と考証されているわけである。また、「大化二年」も史実でなく、いわゆる大化改新詔が出たとされる同年に整合させたものではないか、ともいわれた。

しかし、そのように偽作ではないかといわれてきた宇治橋断碑は、その上部三分の一の下に石をつぎ足し発見の二年後に、尾張の学者小林亮適ら五人が『帝王編年記』に採録されていた原文に従って全文を補充していた。その後、改めて検討がすすむなかで、六朝風の字体・詩句あるいは罫線の使用などから、真物として注目されなおしてきた。

その結果、宇治橋の架橋者については、道登説、道昭説、両者による継承ないし補修説、架橋の時期についても大化二年説、斉明朝の「蝦夷」征討軍派遣時説、同じく百済救援軍派遣時説、近江京への遷都時説、天智天皇五～天武天皇八年説などが生じている。

京の川で、最初に宇治橋が架けられたのはなぜだろうか。当面、この観点から宇治橋断碑とそれをめぐる研究史を考えたい。この場合、二つの論点がポイントだと思う。

一つは、宇治橋は、なんのために架けられたか。いわば、宇治橋の性格である。

ここで、従来の諸説で意外に論じられていないのが、断碑の碑文の内容――特に第三・四句――である。前後に宇治の急流と渡河の困難と遭難を記すが、それは第三・四句にみるとおり「修修征人　停レ騎成レ市」（傍点・返り点は筆者）についてのものである。つまり、整然と編成された軍隊の渡河がままならず、騎馬が市での雑踏のように混雑することを描いている。宇治橋は、一般庶民の利便や日常物資の交易・搬送の円滑をはかったのではなく、騎馬の武人を含む軍隊の便宜をはかっての架橋であった、と判断できる。

そうした軍事行動については、前年（大化元年）の東国国司の派遣の報告をうけてであろうが、北陸から日本海沿いに送られた「蝦夷」征討軍を措いては考えられない。これは、飛鳥京と東国・日本海域への交通確保説にも連動していく。つづく近江遷都にも、もちろん重宝された橋であった。

逆にいえば、後の記事にいう道昭架橋説は、すでに架橋目的がちがう。この場合は、さらに広く衆庶の利便も含めた「天下を周遊し路傍に井を穿つ」のと並んで、「諸の津済の処に、船を儲け橋を造る」ものであった。つまり、この時点から次の奈良時代の行基などに継承された、いわゆる社会事業的な意味をもつ架橋の早い例となる宇治架橋であった。道登と道昭とでは、そもそも架橋目的――橋の性格が違ったのである。

いま一つの論点としての架橋時期はいつか。右のようにみれば、大化二年（六四六）、天智天皇五年（六六六）～天武天皇八年（六七九）の、どちらも正しいと思う。換言すれば、二つの史料とも生きてくる。碑文は、その最初の大化二年を掲げたのだと思う。そもそも、右の二つの時期では右述のように架橋目的――橋の性格がちがうが、碑は前者を記した。

それに、木造の橋の寿命は十数年から二〇年程度とされる。この点にも留意すれば、道昭の「人畜を済度」する目的の架橋は、新しい橋の架設であった可能性が高い。そしてこの新橋には、天武天皇元年（六七二）の壬申の乱の当時、保全警備に当る「守橋者《はしもり》」もすでに配

平等院周辺の地形と古道・遺跡

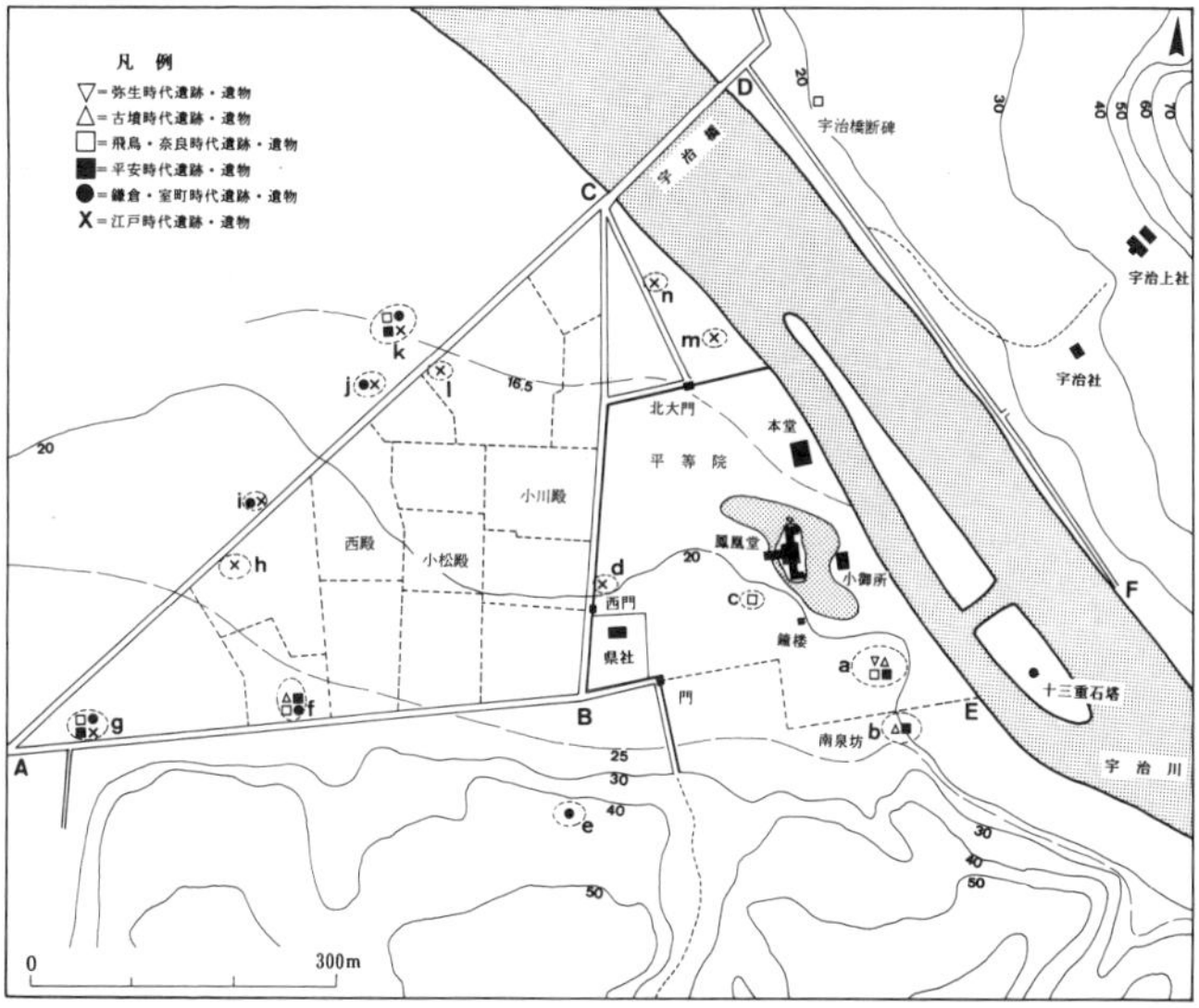

置されていたのである。

二つの論点から、京都の川に架かった最初の宇治橋の性格と架橋時期を、以上のように理解する。

では、宇治橋の構造は、どのようなものであったか。全く史料がないので、残念ながらわからない。ただ、参考になるのは、壬申の乱の戦闘舞台になった瀬田橋の構造と、信楽《しがらき》宮の正面に通じる道に設けられた橋の遺構が発掘によって判明したことである。後者の架橋と違い、とくに前者は、琵琶湖博物館に復原模型が展示されており、宇治の急流の橋を考えるには大いに参考になる。つまり、橋桁より下部構造は地上の作業で組み、その構造物を沈下させるのである。橋板はその上に並べしいた。橋板は、相当に厚く楯にできるほどのものであったらしい。壬申の乱の際、飛鳥古京の攻防戦でも、飛鳥を守った大海人皇子（のちの天武天皇）軍は、三方から来る道に架かる橋の橋板をはいで楯にして並べて近江朝廷軍の来襲に備えた、と記される。また、一〇世紀初めの『延喜式』（雑）でわかる宇治橋の敷板は、近江国から一〇枚、丹波国から八枚の、長さ三丈・広さ一尺三寸の板を課したが、厚さは八寸（約二四センチ）もあった。

それに、宇治橋の架橋位置は、現在の本町通の東への延長線（のちの平等院境内を通る）を一度、南に折れまた東へ向って達する川岸から、いまも十三重石塔の立つ中の島を利して対岸に架けた説（杉本宏「宇治橋架橋位置変更と宇治街区の成立」）が有力になっている。右の敷板の寸法から推定しても、宇治橋の長さは約九メートル、幅は約七メートルほどであったろうか。架橋地点は、このことからも右の説が支持できる。つまり、最初の宇治橋は、中の島から北の対岸へ宇治川本流をまたぐものであった。

（門脇禎二）

〔参考文献・挿図〕

杉本宏「宇治橋架橋位置変更と宇治街区の成立」（『平等院旧境内多宝塔推定第一次調査概報』、宇治市教育委員会、一九九四年）

II 中 世

中扉写真：三条大橋(上)と五条大橋

橋と寺社・関所の修造事業

田端泰子

架橋と関所の設置

室町・戦国期にはいったい鴨川に橋が架かっていたのか、架かっていたとすればどこにあったのか、またその橋は恒常的なものであったのか、誰がどのようなかたちで架けたものなのか、橋の周辺の民衆は橋とどのような関係を取り結んでいたのか、また橋の修造に室町幕府はどの程度かかわっていたのか、これらの点を問題にし、考察しようと思う。

こういった問題の追究はこれまで都市論や芸能史の分野から研究されてきた。例えば網野善彦氏は『無縁・公界・楽』で、橋一般について述べており、橋は古くから上人・聖の勧進によって造られたものであるから、橋は津泊・渡・道路などと同じく「無縁」の場であったと定義している。次に鴨川の橋に限定すれば、それについての最近の専論は黒田紘一郎氏に始まる。黒田氏は

「上杉本洛中洛外図屏風」の分析から四条と五条に橋があったと断定している（「都市図の機能と風景」）。次いで瀬田勝哉氏は五条橋をとりあげ、ここには中島があり、そこに「法城寺」と「晴明塚」があったが、これらは近世になると三条橋東の心光寺に移され、このほか「燕丹《えんたん》の廟《びょう》」が中島にあったことを明らかにしている（『洛中洛外の群像』）。川嶋将生氏も五条橋は二つからなっていたとして、五条橋の中島の消失は方広寺大仏殿造営資材運搬と関係があろうと推測している。また五条橋のたもとが中世末の芸能興行の場であったとした（『中世京都文化の周縁』『「洛中洛外」の社会史』）。

これらの研究史が明らかにした点から考えると、鴨川の流路や幅は中世において大きく変化していることがわかる。また、橋については四条と五条に橋があったこと、五条橋は中島をはさんで二つ存在したこと、しかし中島は近世には消失していたこと、橋の造営は勧進でなされたことが判明したことになる。

しかし四条と五条の二つの橋は祭礼や参詣以外に日常生活でも利用されたのか、あるいは祭礼や参詣とは別個に生活用の橋が架けられたのか、橋の造営に幕府はどのように関与したのかしなかったのか、などの点はまだ未解決である。したがってこの章ではまず鴨川のどこにどのような橋が存在したのかを確定し、次に架橋という事態のなかで幕府以下諸階層がどのような役割を果たしたのか、つまり橋の造営と維持に人々はどのようにかかわっていたのかを検討してみたいと思う。

ところが橋に関する史料は極めて少ない。そのため、神社や寺院の造営には、当の神社や寺院だけでなく、幕府や一般民衆もなんらかのかたちでかかわっていたのではないかと思われるので、寺社造営に対する幕府の関与と比較しつつ考えてみる。橋の造営は一面国家や時の権力が果たすべき民衆に対する公共的機能であるといえる。それに対して関所の設置は、交通を阻害するとしてこれに反対する人々の多かったことからみても、反公共的であるといえる。反公共的機能の発揮に見える関所設置についても、架橋と比較しつつ検討することによって、橋の建造の意味をさらに明らかにできると考える。

「公共的機能」という表現は「社会的機能」の語で使用された例がある。しかしこうした方面からの研究は歴史学としては少ない。そのなかで石母田正氏は古代国家における社会的機能は国《こく》衙《が》が果たすべきものとの認識があったこと、その一部を補充する事業として行基集団の勧農・救済事業を、国家は公然と承認したことを指摘している（『日本古代国家論』）。古代国家の指揮のもと、国衙が果たすものと考えられていた公共的機能が、中世後期にどのような形で担われていたのかを、鴨川の橋の修造問題を中心に、関所設置や寺社造営料の確保との関係を見るという視点から、具体的に検討してみたい。

中世には鴨川はどこをどのように流れていたのか、まずこの点を確かめておきたい。

中世前期の鴨川の様相をあらわす絵図や絵画・屏風などがないので、中世後期の天文一四年（一五四五）から一八年頃の成立といわれる「上杉本洛中洛外図屏風」を参照すると、この右隻の第一扇から第六扇までの上から三分の一ほどのところに、鴨川がゆったりと描かれていることがわかる。つまりこの屏風は京の市街とその東の鴨川を、西北の方角から眺める視点で描かれているのである。そして右隻には鴨川、中川、室町通りの川、西洞院川の四筋の川が見え、鴨川には「四条のはし」と「五条のはし」の二箇所にそれぞれ二つずつ橋が見られる。四条の橋は二重に架かっており、五条の橋は研究史が明らかにしたように、中島を中継点として横並びに二つ架かっていることがわかる（図1参照）。

橋の周辺を眺めると、鴨川の東には北から白川・吉田・蓼倉・粟田口などの集落や青蓮院・建仁寺・六波羅・三十三間堂などの寺院が見られ、西には唱聞師《しょうもじ》村や等持寺・四条の道場・万寿寺などが配されていることがわかる。この景観は今のものとほぼ変わりがないので、中世の鴨川は四条あたりまではほぼ現在のように北から南に直進し、四条以南では川幅が大きくなりまたぐっと西に寄って、西南の方向に流れを変えていたように見受けられる。

以上は「上杉本洛中洛外図屏風」から導き出された中世の鴨川と橋の景観であるから、これを

図1　四条橋(上)と五条橋

他の文献史料で確かめてみよう。

　鴨川の上流から俯瞰図として京都の市街地を眺めると、中世後期の三条までは「河原」であったことが史料からわかる。三条以北には「糺《ただす》河原」「荒神河原（近衛河原）」「二条河原」「三条河原」の名が史料に見えるからである。糺河原も二条河原も合戦の場となったり、落首の書かれた高札が立てられたりしている（『太平記』『梅松論』）。あるいは寛正五年（一四六四）のように、糺河原では将軍家主催の勧進猿楽が行われ、将軍家の足利義政、日野富子を初め、守護大名や高僧たち、それに大勢の一般民衆が集まって、三日間の勧進猿楽興行を見物している様子が見られる（『蔭涼軒日録』『異本糺河原勧進猿楽記』）。

　高札のまわりに多くの人が集まり、猿楽の舞台が設置されて三日間の大興行に多くの人々が集った点から考えて、二条までは川幅は広いが水深は浅く、広い河原を擁する状態であったことが推測できる。しかし橋の存在を示す史料のないことから、二条以北に橋はなく、人々は徒歩で対岸へ往来していたと考えられる。河原を西から東に横断すると、荒神河原からは山中越に通じている。河原は広場であったとともに、交通路でもあったことがわかる。河原はまた人の集まる場であったことから、刑場としても用いられた。このように三条以北の鴨川は広い河原を両岸や合流点にもつという景観であったといえる。

　三条も基本的には糺河原・二条河原などと同様であり、『太平記』や『梅松論』に「三条河原」

として登場するが、一度だけ橋が架けられた形跡がある。応永三〇年（一四二三）、三条橋の造営料を幕府は廷臣に課したので、広橋兼宣《かねのぶ》は二〇〇疋を公方御倉（将軍家の財産を預る土倉）禅住坊に納めている（『兼宣公記』）。造営料が公方御倉に納入されている点からみて、この架橋は幕府主導でなされたものと考えられる。幕臣としての地頭御家人だけではなく、廷臣にも課されて納入されていることも、幕府が公共的機能を担って橋を架ける姿が応永末（将軍足利義量期）には発揮されていたことがわかる。

四条には橋のある時期とない時期があった。架けられた橋も洪水で流されたからである。かつて鎌倉期にもここに橋が架けられたことがあったが、安貞二年（一二二八）の場合のように、五条橋とともに洪水で流失している（『百錬抄』）。

このような橋の建造や修理はどのようにしてなされたのだろうか。鎌倉時代には鎌倉幕府が橋の修造費用の一部を分担している史料がある。それは寛元三年（一二四五）の追加法に見え、祇園・清水寺橋と呼ばれた四条・五条の橋の修造用途として「人倫売買直物」を宛てていることがわかる（「御成敗式目追加法」二四四）。この部分は奴婢の売買とその取り戻しに関する追加法の中に見え、奴婢の代価（本主が買主に支払うべき銭貨）を幕府が没収し、奴婢は放免して、売買した双方に罰を与え、その没収した銭貨（直物）は両橋の修造に宛てるとしたものである。この史料から見ると、鎌倉期の四条橋・五条橋の造営指揮権が全面的に幕府にあったとは考えられず、幕府は費用の分担にとどまったとみられる。

室町期の四条河原に橋が架けられたことを示す史料の初見は応安七年（一三七四）の『師守記』である。「四条川原橋事始」とあるので、久しくここには橋がなかったことがわかる。この時は勧進僧によって橋が架けられた。これ以前の貞和五年（一三四九）に四条川原で「橋勧進」のための田楽が催され、貴賤が集まったところ桟敷六〇余間が全て倒れ、死者一〇〇余人、怪我をした者数を知らず、という「先代未聞」の事故が起こったことがあった（『師守記』）。これは四条橋を造るための勧進田楽であったのだろうが、事故のために橋の造営は見送られたようである。よって室町期に四条橋が姿をあらわしたのは、応安七年を初見とすると考えられる。しかし四条の橋はたびたび洪水の被害を受け、嘉吉元年（一四四一）にも四条・五条両橋が落ちたことが見える。

四条橋の姿が少し明瞭になるのは宝徳二年（一四五〇）の『東寺執行日記』『祇園社記』であり、この時架けられた橋は祇園会の神輿《しんよ》を渡すためであった。六月七日の神幸祭、一七日の還幸祭の両方の渡御《とぎょ》が四条橋を用いて行われている。この橋は三六間に及ぶ大きな橋であり、九州の住人「正預入道（正篤入道）」が造ったとされる。四月に始めた工事は六月六日までかかったという。橋の供養は一〇月に禅僧一千口をもって行われ、相国寺・南禅寺・建仁寺の僧侶が執り行っている。多額の費用と日数をかけて造られたこの橋は、祇園社の祇園祭で神輿を「渡し奉る」

図2　四条橋

ために造立されたものである。しかし供養が行われたのは一〇月である点からみて、祭礼後しばらくは架けられたままであったとしても、その後、冬までにはこの橋はなくなっていたことがわかる。

ところで四条橋は二つ架かるのが通例であったようである。つまり四条橋には二種あった。「洛中洛外図帖」には四条に二つの橋が二重に描かれている様が見える（図2参照）。比較的粗末な板橋を神輿がわたっており、大きく立派な作りの橋の上を人が歩いている。粗末な方の橋は中州の両側に架けられており、橋脚も簡単なものであるが、一方の立派な橋には丈夫そうな太い橋脚が橋の上の方にまで突き出ている。後者は中州の葦原を跨いですらりと両岸をつないでいるのである。粗末な橋はいわゆる浮橋であったのだろう。立派な橋の上を歩く人を見ると、刀を着けたり、大弓や薙刀を持ったり、甲冑を着けた人々が同じ方向に歩んでいる様子が見えるので、祇園会の警護の武士の行列であろうと思われる。これらの読み取りから、図帖の二つの橋はいずれも祇園会のために架けられたものであって、とくに粗末な板橋は祭礼が終わると片付けられるか、洪水によって流れてしまうかで、常時架かっていたわけではなかったと考えられる。もう一方の立派な橋はすぐにははずされず、祇園社参詣人が通行したと推測される。

右の「洛中洛外図帖」の景観は、先にとりあげた「上杉本洛中洛外図屏風」の「四条のはし」の様相と同じであり、屏風にも四条には橋が二本平行して架かっているのである。図帖と上杉本屏風の成立年代がほぼ同じと考えられた理由は、同じく祇園社の祭礼を題材としている点と、この四条の橋の類似性にあったといってよい。

室町期応永頃には、四条・五条橋のそばには「河原在家」といわれる庶民の住居が数多く存在した。応永三四年（一四二七）の大洪水で四条・五条橋が落ちた際、「河原在家百余家流失」とあるので、河原に住居を構えて税を逃れている庶民の多かったことが知られる。

戦国期永正一四年（一五一七）の頃、四条橋は「断絶」と呼ばれるほど永らくなかったが、勧《かん》進聖《じんひじり》智源が「本願職」となって奉加を集め、再興されることになった。この時、八月二四日付けで幕府奉行人奉書が出され、智源の請文は翌一五年二月一四日付けである（『祇園古文書』『祇園社記』）。このことから、勧進活動は六カ月にわたって行われていたことが知られる。

天文一三年（一五四四）七月にも大風・大洪水が襲い、「小川船橋等家多破流、人多死」「下京家流、四條大鳥居流失」という事態をむかえた。この時、四条・五条橋はともに落ち、黒谷の坊、鞍馬寺大門、貴船なども全て流失している。京の西郊では嵯峨の広沢池が平地になり、下京の家の中には悉く水が入ったので、和泉堺の船が東寺の前に着いたほどである。「前代未聞」といわれる大洪水であった（『言継卿記』九）。この記事を見ても、四条・五条に橋のあったことはわかるが、その橋が七月の洪水で流れているのだから、祇園社の祭礼と参詣用に建造された四条橋であったとみた方がよいだろう。

ところでこの大洪水に際して、禁裏も水につかり、車寄まで水がきて、御門の前では五尺ばかりにも達したという（同前）。公家衆は見舞いに駆けつけたが、幕府から大館・畠山・細川・伊勢らの要路と奉公衆・奉行人・同朋衆あわせて三、四〇〇人があつまり、方々の土居や堤を切り落としている点が注目される。禁裏から水を排出するためには、禁裏の周りの土居や堤防を所々で壊すことが必要であったようである。そしてそれを行ったのは、幕府に参集する武士たちであったことから、禁裏警護の役割の幕府への移行がみてとれる。

さらに、天文一三年の洪水に際して山科言継が「早朝禁裏辺其他室町小路東之河原大水之間」と記していることから考えると、御所から室町小路のあたりまで、また鴨川の東の河原も大水の被害をうけたことが推測される。なぜなら鴨川の西岸には自然堤防はあったであろうが地形としては西に行くほど低くなっており、また鴨川の西には中川、室町通りの川、西洞院川という三本もの小さな川があったことも「上杉本洛中洛外図屏風」からわかるからである。

総じて鴨川の西は何本も小川が流れているような低地であったと思われる。鴨川の西にあった内裏では、このような立地条件から、堅固な「土居」と「堤」を建設していたのであろう。しかし洪水によって「御門の前」（東の日華門、西の月華門であろう）で五尺すなわち一・五メートルもの水深があったために、内裏の中の水を外へ出すために、内裏の周りの土塀や堤を壊したものと推測する。

要するに四条橋は時々架橋されたが、それは祇園社の神輿渡御を第一の目的に、参詣を第二の目的に架けられたものであった。二つの橋を合わせて「四条のはし」と考えられ、祭礼用に造られたものであった。架橋費用は田楽などの勧進興行で集めた場合もあったが、造営の定式は幕府が勧進聖の申請を許可するかたちでなされ、勧進聖は本願職に任命されると、六カ月以上の長期にわたって勧進してまわり、その費用で専門の大工の棟梁が三カ月ほどの日数をかけて造ったと考えられる。橋の近くには茶店が建ち、川原には「河原在家」と呼ばれる人家が多数できているが、洪水で人家は橋ともども流されてしまうこともしばしばであった、というのが、四条橋の室町・戦国期の景観であった。四条橋が本格的に架けられるのは、織田信長のもとで京都所司代村井長勝が大規模な動員をして造営に取りかかる天正四年（一五七六）を待たねばならない（『兼見卿記』一)。

五条橋は鎌倉前期から「清水橋」「清水寺橋」と呼ばれている(『明月記』『東大寺要録』)。五条の橋から東に向かう「ククメ地路」という東国への通路が通じていたので、三条の東の粟田口を経由する道とともに重要な交通路であった。鎌倉期の安貞二年(一二二八)七月、風雨・洪水のため四条・五条橋がともに流れてしまったことがあった(『百錬抄』)。このとき「四条五条等末橋流了」と記されている点から見ても、五条の橋が京中の最も南に架かった橋であったことがわかる。

鎌倉期には、前述のように五条橋は四条橋と並んで幕府が修造費用の一部を負担しており(寛元三年の追加法)、大番衆が召人を逃がした場合の罰として五条橋修造が課されたこともある(天福元年「新編追加」、『鎌倉遺文』四五五〇)。弘長三年(一二六三)に清水橋(五条橋)、鴨川川防用途を近国の御家人に賦課したのもそれである。架橋と泥浚《どろさら》い・堤防建設の費用は近国御家人に課され、摂津国は五〇貫文を負担した。その命令は「庁直」と守護代の連署で出されているから、国衙《こくが》在庁と守護所の両担当者によってこの費用が徴収されたことがわかる(『鎌倉遺文』八九七〇)。このことは橋の造営・堤の修造という公共的機能を、政権を担当する幕府が、政権を形成する階層の経費負担によって果たしていたことを意味する。鎌倉幕府は天福~寛元頃には特殊な財源しか五条橋の修造に宛ててはいなかったが、弘長段階には近国の御家人に対し課税する方向へと変わってきており、公権力としての自覚を示しはじめたことがわかる。

五条ともなると水量も多くなり、川幅も広大になったありさまは、先に見た「上杉本洛中洛外図屏風」にも明瞭に描かれている。鴨川の流路は弘安以後、洪水のため四条以南が西に移ったという(『京都坊目誌』)。つまり鴨川は現在のように堤防に守られて北から南へ真っ直ぐ流れていたのではなく、鎌倉後期から五条あたりで大きく西へ蛇行していたことがわかる。したがって清水寺参詣の橋が必要であっただけでなく、洪水対策としての堤防造りも欠かせない国家的任務となったのである。

室町・戦国期の五条橋は清水寺参詣の橋として大いに賑わった。その様子は『耶蘇会士日本通信』に如実に示されている。一五七三年(天正元)のこの通信は、清水の塔について「空中に建てられ、甚だ高く、都の七驚異の一と云ふを得べし」と述べ、観音堂には「参詣者甚だ多し」としている。そして「参詣者多数なるが故に、婦人等の店頭に立ちて、絶えず此堂に往来する者の為め各種の食物を売る市街多し」と続ける。清水の塔と観音堂への参詣者が多く、そのために清水にいたる路には店棚が数多く建ち並んでいた様子がよくわかる。通信は五条橋にも触れ「此堂に到る道路に一の橋あり、甚だ古くして既に頽廃せるが」と説明している。当時相当老朽化してはいたが、参詣者の行き交う殷賑《いんしん》をきわめた橋であったことは確かであろう。

平安朝以来、清水寺への参詣人が行き来する橋として「清水寺橋」の異名をもっていた五条橋は、五条通りにあって中島をはさんで二つの部分からなる大きな橋であった。ところがこの景観は川嶋氏が述べるように方広寺造営が終わるまでのものであり、寺の建設資材運搬のための浚《しゅん》渫《せつ》工事によって中島は姿を消したようである。そして大仏殿参詣の人々は五条より二筋南の六条坊門小路に造られた橋を通るようになり、五条橋の名も以後はこれが引き継ぐことになる。

新五条橋は三条橋と同様豊臣秀吉が増田長盛・前田玄以に命じて造らせたものである。秀吉は造営料として科人《とがにん》の闕所《けっしょ》跡田畠を清水寺に寄進し、石の柱を建て並べその上に板橋を組み合わせて造った堅固なものであった。当時の技術の粋を結集したものといえる。それ故、以後は「いかなる洪水にも滞る事」がなかったという(『都のにぎはひ』)。また六条坊門の新五条橋は方広寺大仏への参詣に、また伏見城への道路として重要性を増すのである。

このように五条橋は平安期から清水寺参詣道としての性格をもって出発したのであるが、東国への出入り口、次いで中世末には伏見への出入り口と位置づけられていたため、軍勢や商人の行き交う、京で最も賑やかな生活橋でもあった。五条橋を西に渡った坊門小路(のちの仏光寺通)には応永頃から酒屋が集中していた。五条坊門の烏丸から東洞院が最も酒屋の多い地域であった(豊田武『中世日本の商業』、田端泰子『日本中世の社会と女性』など)。酒屋を核として周辺に店が多数建ち並んだ坊門小路、その東にできた五条橋の性格が、四条橋より生活に密着した橋となったことはうなずけよう。戦国期の天文六年(一五三七)頃よりあらわれる下京の町組の、南の端が松原通であることも、五条橋以西が京の町衆の生活空間であったことを物語る。先述のように鎌倉期には橋の造営を政権担当者である幕府がなした史料がある。しかし室町期には幕府が責任をもって、費用も負担して建造した形跡がなくなるのである。次節でこの点について検討してみよう。

六条以南の鴨川は「六条河原」「竹田河原」と呼ばれ、橋はなく、さらに下流の鳥羽と淀には津が発達したが、やはり橋の架けられた形跡はない。

ただし中世前期に「鴨川尻」に何度か浮橋がかけられたことがあるが、鴨川尻がどこをさすのか明確でなく、しかも架けられたのは浮橋であった。

橋と寺社の造営に見る幕府の役割

文明一二年（一四八〇）、三室戸郷が宇治橋を焼き落とすという事件がもちあがった。その理由は宇治と三室戸との「確執」が前年四月より続いていたからである（『後法興院政家記』）。これに対して幕府は、橋を焼き落とした行為は成敗に値するとし、橋をもとのように架けるように、領主東福寺を通じて地下人《じげにん》に命じている（『九条家文書』六）。つまり幕府は科人《とがにん》の処罰は行うが、橋の再建は所の領主の領主権によって、張本人たる郷民に負担させるという方法をとっていることがわかる。

この例を見ても、橋の進退権は所の領主にあったと考えられる。寛正二年（一四六一）の頃、近江酒人郷横田河橋は西芳寺の進退とされており、寛正四年には細呂宜郷とその橋賃は興福寺領のものとされているからである（『山中与一郎氏所蔵文書』『福智院文書』）。橋の進退権のなかには橋賃の徴収も含まれる。橋のある場所を含む地域の領主に、橋の建造管理・銭貨徴収の権限があったといえるのである。とすれば橋はそのもの自体が無縁の場であったのではなく、橋の進退権は橋のある地域の領主が所持していたことになる。

では橋の周辺の民衆は橋に対してどのような関わりをもったのであろうか。永享五年（一四三三）の瀬田橋警護の例を見てみよう。この年の七月、山科七郷と粟津五箇荘の「土民」は瀬田橋警護に動員され、翌年には山科郷民は山徒を抑えるようにとの命令を幕府から受けたことがあった（田端泰子「御台の執政と関所問題」）。山徒を抑えるとは、東口四宮河原関を通って落ちて行く山徒があれば打ち止め、具足などをはぎ取るべきだというのである。具足をはぎ取る行動に出るためには、郷民たちは武装しなければからない。つまり橋の周辺の民衆には室町期、時として軍事的な負担が課されることがあったのである。

橋が無縁の場とされるためには、もう一つの条件が備わる必要があると考える。橋の造営が勧進によってなされるという条件である。ただし勧進においても、四条橋のように祇園社の祭礼を目的としてなされた場合は、祭礼がすむと一般の用に供されたとしても、後は壊れようが流れようが、幕府も祇園社も気に留めなかったと思われる。

ここで橋にかたよることなく、勧進がどのような時にどのように行われたかを検討したい。祇園社に関わる勧進は戦国期に増加する。明応五年（一四九六）、幕府は祇園社の神輿の再興を勧進で行うことを十穀聖縁実房に許可した。応仁乱中以来三〇余年間退転していた祭礼を復活させるためである。左方大政所も近々修造される見通しがついていた（『八坂神社文書』上）。このように戦国期には祭礼の中心である神輿の再興そのものも勧進に頼らねばならない状況であった。永正段階には徳阿、次いで萬蔵が「大勧進」に任じられ、祇園社の修造費用を集める仕事を担当している（『早稲田大学荻野研究室所蔵文書』七）。

永正一四年（一五一七）の勧進聖智源による四条橋再興願いを幕府が許可したことは、前述した。二年後の永正一六年にも四条橋再興のための材木が筏《いかだ》に組まれ山国《やまぐに》から運ばれたが、この場合は幕府は丹波国中の過書を発行したにとどまる（『八坂神社文書』上）。永禄四年（一五六一）の頃には祇園社祭礼の路も畠などとして耕作されていたので、幕府は「成神輿煩之条、太不可然」と耕作をやめるように「百姓」に命じている（同前）。

このように祇園社・幕府と勧進の関係をたどってくると、戦国期には神社・神輿の修造、橋の造営は神社が勧進聖の手を借りて行うのが普通になっていたことがわかる。禁裏御料所山国の材木を提供させた点に幕府の財政的援助が推測されはするが、過書を発行したり、路を耕作するのを止めさせたにとどまる。祇園社は自力で神輿や橋を造って祭礼を行わねばならなかったのである。幕府の援助は側面からのものにすぎなかったといえる。

勧進は他の寺社の造営についても行われた。明応三年（一四九四）の京都の金山天王寺本堂造営勧進においては、幕府は近江の佐々木朽木氏に対して近江高島郡内に奉加するよう下知せよと述べている。近江守護は京極高清であるが、高島郡については国人領主朽木氏に勧進活動への支援を命じたもののようである（『朽木家古文書』）。同年の泉涌寺再興勧進においてはまず綸旨が出され、次いで幕府は奉書で「分領中」の被官人以下に奉加するよう触れ、また「勧進聖上下路次」に煩いがないよう下知するようにと命じている（『泉涌寺文書』二）。後者の文書は宛所がないが、守護か国人領主に宛てられたものと思われる。いずれも勧進活動に対して、幕府は守護や国人に対し、被官人からの奉加を促す文書は出したが、造営そのものを行ったわけではない。寺社の造営はそれぞれの寺社の自力でなすべきことと幕府はとらえていたといえる。

次に寺社の造営に対する幕府の関与の度合いについて考える。関与の形態は大別して三通りあった。第一の場合は明応二年（一四九三）に東寺造営用木を紀伊国から運送するに際して、河上諸関の勘過《かんか》を下知したのが、これに当たる（『東寺百合文書』の二）。幕府は過書を発行することで造営を援助した。

第二の場合は右に述べたように、守護や守護代に対して領国中に奉加に応じるように命じる文書を発行する、という形態の関与である。永正一六年（一五一九）の石清水八幡宮造営に際し、幕府は京極高清に「別而被致奉加、被官人並分郡中可被加下知」としている。守護や守護代に奉加が命じられたのは、「往古」（以前）は造営は「諸国守護役」として「随分限被造進」たからである（『石清水文書』六）。

つまり以前は寺社の造営は守護の負担で行われており、守護領国の大きさによって負担額が決められたのであるが、戦国期になると、守護権の衰退にともない、守護役は領内国人・土豪層が直接奉加する形態へと移行していることがわかる。この奉加も、中世最末期になると、御霊社のように洛中洛外の奉加で行うとのみ宣言されたり（『御霊神社文書』）、さらに進むと奉加の言葉もなくなり、大原野神社のように、「社内の竹木を伐って」造営することが許可されたりと（『大原野神社文書』）、幕府関与の度合いの減少が感知されるようになる。

第三の場合は段銭を課して造営を行う場合である。天文一〇年（一五四一）の石清水八幡宮若宮造営・遷宮要脚段銭は、大和・山城・河内の守護と守護代に対して賦課が命じられている（『石清水文書』六）。守護だけでなく、守護代や「国民中」にまで「存知」するよう執達されている点から、かえって段銭の集まりにくい状況が推測される。「国民」とは大和の在地領主（国人領主）のことである。

段銭は室町期には幕府が守護に対して賦課する形態が基本であり、守護が配下の国人や荘園に再配分して負担させていた。段銭賦課の目的も伊勢神宮造替など大寺社の修造のため、あるいは内裏の修造、幕府行事執行のための三種に大別された。しかし戦国期には幕府の行事に限ってしか賦課できなくなっており、天文一五年（一五六八）の足利義輝元服要脚を最後に、幕府段銭は姿を消す。しかし寺社の修造に限っていえば、造営を奉加に任せるよりは積極的な政策であったといえる。

以上述べてきたように、寺社の造営に対する幕府の関与は、単に用木の勘過を認めたもの、領内での奉加を守護などに命じた場合、段銭を賦課した場合の三つのケースがあり、段銭を賦課するような積極的な関与は幕府の尊崇する大寺社に限られたことがわかる。幕府が造営を最も援助したケースは段銭の賦課であった。これが室町期ならば寺社にとっては大きな援助となったといえよう。しかし戦国期の造営における段銭の賦課はこの石清水八幡宮の例のみである。一般的には寺社は奉加を幕府に支えてもらうか勧進聖の活動に頼って資金・資材を集め、幕府には過書を発行してもらう程度の援助しか期待できなかったと考えられる。つまり特定の大寺社を除き、自力で、勧進や奉加の助けを得て、造営を実施したのである。

関所に対する幕府の関与

中世の関所は、古代の軍事的目的で設置されたものと異なり、経済的な収益を目的とするものへと変化した。鎌倉中期以後、高野山や讃岐国善通寺など大寺社の造営のために「艘別銭」が徴収されたことが中世的関所の始まりであるとされている（相田二郎『中世の関所』）。南北朝期になって、経済的要素に加えて軍事的要素が急激に高まったため、関所の乱立とその所有権争いが熾烈になる。たとえば、京の七口の内の東口関では山科家と園城寺が領有権を争っている。山科家は東口四宮河原関は内蔵《くら》寮の率分関だとして、園城寺からの横槍をかわそうとして、朝廷に訴えている（田端泰子「御台の執政と関所問題」）。このように、南北朝期までは朝廷にも寺社にも関所の設置権はあったのである。ところが室町期、関所の設置権は朝廷から幕府に移行する。内蔵寮や御厨子所《みずしどころ》の関所は幕府の命令で再開されているからである（同前）。このように関所の設置・停止・廃止・再開を命じる権限は室町期には幕府が一元的に握っていた。

この室町期の関所は、郷民によって普段警護されており、特に郷民の中の上層を形成していた「沙汰人」が関所にいて、関銭を徴収した（同前）。関所の日常的な関銭徴収のありさまは、橋の袂での橋銭徴収と同じであったといえる。

戦国期には山科七郷の神無森《かんなしもり》関のように、一時期ではあるが郷民が関所を設置したこともあった（田端泰子「中世村落の構造と領主制」）。郷民が関所を設置するという、前代未聞の出来事の背景には、東軍方の、西軍土岐氏を「追伐」しようとの意図があったのであるが、郷民側にもこれを梃子として守護不入権を獲得しようとの狙いが存在した（前掲「御台の執政と関所問題」）。しかしこの神無森関が幕府によって廃止され、かわりに幕府が内裏修理料関の名目で御陵《みささぎ》に関をたてた点からみても、関所の設置・停廃権は依然として幕府にあったことが明白になる。

応仁の乱で内裏が焼け、その再建を朝廷ではなく幕府が主催したことは、朝廷の弱体化を露呈し、それまで朝廷の管轄領域であった部分にさらに幕府の権限が拡大していくきっかけをつくったと考えられる。文明一一年一〇月二七日、幕府が万里小路家に対し禁裏御厨子所七口（関）率分徴収権を幕府奉行人奉書で承認しているのはその一端である。内蔵寮の関銭が関所を安堵された領主や給主に入らなくなったとき、関所を請け負う代官に催促したのも幕府である（『山科家礼記』延徳三年八月一四日条）。このようにもともと朝廷の管轄に属していた内蔵寮や御厨子所の関所も、室町期以来、設置・停止や安堵の権限を幕府が握ったのであるが、戦国期には関所を請け負う代官層に対する催促まで幕府の管轄下に入っていたのである。

つまり戦国期には全国の関設置・停廃権は幕府が掌握していたので、幕府の安堵を得た領主が関所を立て、代官を置いて関銭を徴収した。南御所に与えられた朽木関では、代官にはこの地の国人領主朽木氏が任命され、桂口関の枝関は大覚寺に安堵された（『宝鏡寺文書』二、『井関文書』）。代官になったのは、朽木氏や南口・淀口関代官古川氏のような国人領主、それに幕府政所伊勢氏であった（伊勢氏は御料所近江国高島郡船木関の代官を務めていた――『蜷川家古文書』）。関銭が滞れば代官職を改替することになるが、その権限は関を安堵された領主にあり、御料所の場合は幕府が率先して代官を替え、守護や守護代には納付に協力させた（同前）。

よって関所を設け関銭徴収の権限を幕府が領主に安堵することは、幕府の所領安堵と同じ意味を持つ主従関係の確認にほかならなかった。被支配階級からみると、関所が設置され、関銭を徴収されることは、通行の障害であり往来の自由を束縛し、物資の流通を妨げる反公共的行為である。しかし幕府は関銭徴収権を公家・寺社・将軍家の構成員に与え、それらの代官に国人領主や政所の官吏を任命することによって、新しい所領を獲得しなくても主従関係の確認がなしえたから、期待できる新政策であった。こうして幕府の安堵権を存続させ主従関係を確認する手段として、関所の設置は利用されたと考える。事実、明応五年（一四九六）・六年にも、楠葉河上関が殿下渡領として鷹司家に、御服所率分関二カ所が久我家に安堵されており（『東寺百合文書』し五、『久我家文書』二）、公家に対する幕府の関所安堵が生き続けていることがわかる。

しかし関銭は次第に領主の手元に入らなくなる状況が生まれる。山科家の場合を先稿で検討した（前掲「中世村落の構造と領主制」）。内蔵寮領南口と淀口の代官職は古川筑後入道が持っていたが、延徳三年（一四九一）頃には「年々公用無沙汰」という状態になっている。山科家には関銭が永年にわたりほとんど納入されなくなってしまったのである。関銭徴収権は納入する側の納入拒否によって形骸化し、幕府の安堵権そのものも否定されたことになる。このことは自由通行の保証という公共的機能を、人民が幕府から奪い返したことをも意味すると考える。大乗院の尋尊が日記に書いたように、関所は「上下甲乙人迷惑珍事の関」(『大乗院寺社雑事記』文明一二年九月一二日条)であったことにかわりはない。このことは、関所設置に反対する土一揆が、公武寺社の支持を得たこと、関所反対だけでなく、徳政令を求める土一揆の行動が、社会的に広い支持を得たことにつながる思想的基盤をもつものであったと思われる。

公共的機能の分担

鎌倉期には鴨川の橋造営や川浚《ざら》い、堤修造などの公共的機能を、鎌倉幕府が担当した場合があった。費用も御家人役でなされた例があった。ところが室町期、三条橋造営の応永三〇年の事例以外、幕府が橋を造営した形跡はない。鴨川の四条・五条橋は領主が自力で勧進聖の勧進活動に頼って資金を集め、造営したのであり、室町幕府は勧進活動を支援するにとどまった。それは四条・五条両橋が祭礼と参詣を目的とする橋であったからである。祭礼時以外は一般人の通行も可能であっただろうから、諸人は奉加に応じたと考えられる。幕府は通行の便を図るというような、公共的機能を両橋には認めていなかったのだろう。両橋への支援は幕府の寺社支援の一環であったと考えられる。橋の造営を所の領主の責任と主導で行っている点からみて、室町・戦国期の公共的機能は所の領主が少しずつ分担し、幕府の役割を肩代わりしていたといえるのではないだろうか。少なくとも幕府が積極的に公共的機能を果したとはいえないのである。

寺社の造営に関する鎌倉幕府の態度は、御成敗式目一・二条に明らかである。東国の寺社の修理は「小破」の時は部分的な修理を幕府が援助し、「大破」の時は幕府に申請すれば幕府の命令で修理を行うとの原則を定めていた。「大破」に対する官物での修造の原則は鎌倉末まで持続されているので（「御成敗式目」追加法五六二）、小修理は寺社の自力修理、大修理のみ幕府が援助という形態であったことがわかる。

室町・戦国期には、寺社の造営・修理は自力が原則であった。幕府はこれに対して三通りの仕方で支援を行った。最も高度な支援は造営段銭の賦課であり、次には奉加の促進を守護以下に命じるかたちの支援であり、最後には過書などを発行するという方法であった。戦国期の終わりになるほど、また小寺社ほど幕府の援助は少なくなり、自力で領内の竹木を利用してという姿が増えたことも見た。鎌倉期には損壊の程度によって幕府の支援が決められていたが、室町期以後は自力での造営が原則となり、幕府の援助の基準も幕府尊崇の程度によって（幕府との親密度によって）決められたのである。

関所の安堵権は室町期、次第に幕府の手に集中され、かつて朝廷が安堵権をもっていた関も幕府に安堵されて初めて実効をもつようになった。安堵された領主はもともとその地に領主権をもつ場合が多かったが、新領主が任命された場合もあり、いずれにしても関所の安堵は幕府との主従関係の確認という意味をもった。関を安堵された領主は関銭の徴収権を行使した。通行する諸人からいえば、関所の設置は反公共的な行為である。関所を廃止させるべく土一揆を起こしたり、関銭を払わず、他のルートを利用することが、幕府を追い詰める役割を果たすことになった。つまりここでは公共的機能を諸人の側に取り戻すことが幕府の弱体化を促進する方策となったといえる。関所反対の土一揆が公武寺社の支持を得たことは、公共的機能を担おうとしたのが、幕府ではなく土一揆であったからであり、その土一揆の要求の正当性を保証したのは、公共的機能の分担という思想であったのではないかと考える。

〔参考文献〕

網野善彦『無縁・公界・楽』(平凡社、一九八八年)
黒田紘一郎「都市図の機能と風景」(『絵図にみる荘園の世界』所収、東京大学出版会、一九八七年)
瀬田勝哉『洛中洛外の群像』(平凡社、一九九四年)
川嶋將生『中世京都文化の周縁』(思文閣出版、一九九二年)
同右『「洛中洛外」の社会史』(思文閣出版、一九九九年)
石母田正『日本古代国家論』(岩波書店、一九七三年)
豊田武『中世日本の商業』(豊田武著作集第二巻、吉川弘文館、一九八二年)
田端泰子『日本中世の社会と女性』(吉川弘文館、一九九八年)
田端泰子「御台の執政と関所問題」(『日本中世の社会と女性』所収)
相田二郎『中世の関所』(吉川弘文館、一九八三年)
田端泰子『中世村落の構造と領主制』(法政大学出版局、一九八六年)

今谷明・高橋康夫共編『室町幕府文書集成　奉行人奉書篇』上・下（思文閣出版、一九八六年）

〔挿図〕

図1　上杉本洛中洛外図屏風（国宝／米沢市蔵）

図2　洛中洛外図帖（奈良県立美術館蔵）

桂川用水と村々のつながり

丹波高原から流れ下る大堰《おおい》川（保《ほ》津《づ》川）は、その源流から亀岡盆地までは大堰川と呼ばれ、亀岡盆地から保津峡までは保津川と呼ばれる。それより下流は桂川という名称が一般的で、大山崎の南の地点で淀川に流れ込んでいる。この川は山城国葛野郡《かどのぐん》を貫流していることから、古代には葛野川とも呼ばれた。松尾神社の東に架かる渡月橋は中世には法輪橋《ほうりんきょう》が正式の呼び名であったが、嵐橋《らんきょう》・大橋・御幸橋《みゆきばし》などともいわれた。御幸橋の名が付けられたのは、葛野川で清流の魚を見たり、舟遊びをしたりすることが貴族や皇族に好まれ、天皇家の行幸や伊勢斎宮《さいくう》の禊《みそ》ぎが何度もなされたためである。法輪橋の所在は現在の渡月橋より一〇〇メートルばかり上流であったとされる。この橋の創建は古く、承和三年（八三六）に僧道昌によって建造されたという。

法輪橋より下流へ目を移すと、川幅が広く水量も多くなる。法輪橋の下手・桂のあたりには、桂の橋が架けられていた。保津川のような急流ではなくなるが、川幅が広くなるために、桂の橋の架橋には大きな労力を要したであろうことが推測される。

保津川はその急流を生かして、丹波国山国荘《やまぐにのしょう》などから、木材を筏《いかだ》に組んで流し下したことでも著名である。その木材は桂津で陸揚げされた。このように桂川は舟運に利用されるかたわら、田畑を潤す用水をそこから引く、恵みの川としての性格をもっていた。法輪橋のあたりの桂川の西側（右岸）から取水した水は、用水溝を通して西岡一帯（西山丘陵の東南の平野部）に流され、周辺の多くの郷村の作物を育んだのである。

室町期応永二六年（一四一九）の絵図（山城国今井溝上方五カ荘井水差図、『東寺百合文書』い函）によると、桂川には三つの大きな用水路（用水溝）があり、それぞれがまたいくつかに分岐して、多くの郷村に水を運んでいる様子が見られる。三つの用水溝とは、桂川の上手から順に梅津井関、梅津前五カ荘大井手、上野井手であった。関連文書をこの絵図と突き合わせて考えると次のような用水の取り方、使用状況が見えてくる。すなわち、梅津前五カ荘大井手はさらに上方井関（横井）と下方井関にわかれる。

上方井関から取水するのは、下桂・富田・革島《かわしま》・上久世《くぜ》・下久世・寺戸の六郷である。一方、それより下手の下方井関からは、五カ郷（牛瀬・大藪・三鈷寺など）が取水するのである。上方井関では畳石で水を堰止め、西南方向に水を流して、上方六カ郷の田地を養い、石の間から漏れる漏水をもって、下方五カ郷の田地を養う、というのが「大法往古規式」（『教王護国寺文書』一二五四）として古来より守り続けられてきた慣習であったという。

五カ郷・六カ郷では、この大切な水を順ぐりに使うために、五郷・六郷の二つのまとまりの中で、「井守《いもり》」にあたる郷を決め、交互に用水の番に当たった。井関を通った水が各郷村にいたるまでは「溝」を流れることになるが、その溝は各郷独自のものと、上方・下方の二つの大きな溝との双方を、各村の名主が責任をもって造成したり補修したりした。責任は名主が持つが、かかった費用はいったん名主が立て替えた後、それぞれの領主にも、応分の助成を願い出ている。領主に出す年貢の中から、毎年、どれだけの額を「井料」として差し引いてもらえるのかは、名主・百姓とそれぞれの領主との交渉で決まったので、名主・百姓は交渉の行方に強い関心を持ち続けた。

戦国期、明応ごろになると、桂川から引いた用水の潤す郷村の数は、応永段階よりもさらに増えたようである。明応から文亀にかけて、東寺領上久世・下久世両荘と石清水八幡宮領西八条西荘の間で、用水相論が展開される。その時証拠の一つとして幕府に提出されたのが次頁に掲げた図である（山城国桂川用水差図、『東寺百合文書』ツ函）。この絵図には桂川の右岸に北から上野・徳大寺・上桂・御荘・下桂・河嶋・下津林・牛瀬《うしがせ》・上久世・下久世・寺戸・築山・大薮の諸荘（畿内の荘園はほぼ村規模と考えてよい）の名が見える。桂川の東方（左岸）では北から梅津・郡《こおり》・川勝寺《せんしょうじ》・桂宿・西八条西荘の名が記されている。桂川はこの絵図に描かれる部分だけに限っても、じつに一八の郷村に水を供給していることがわかる。

この絵図を見ると、画面の中心部分に描かれているのは「十一ケ郷号今井溝」つまり「十

山城国桂川用水差図

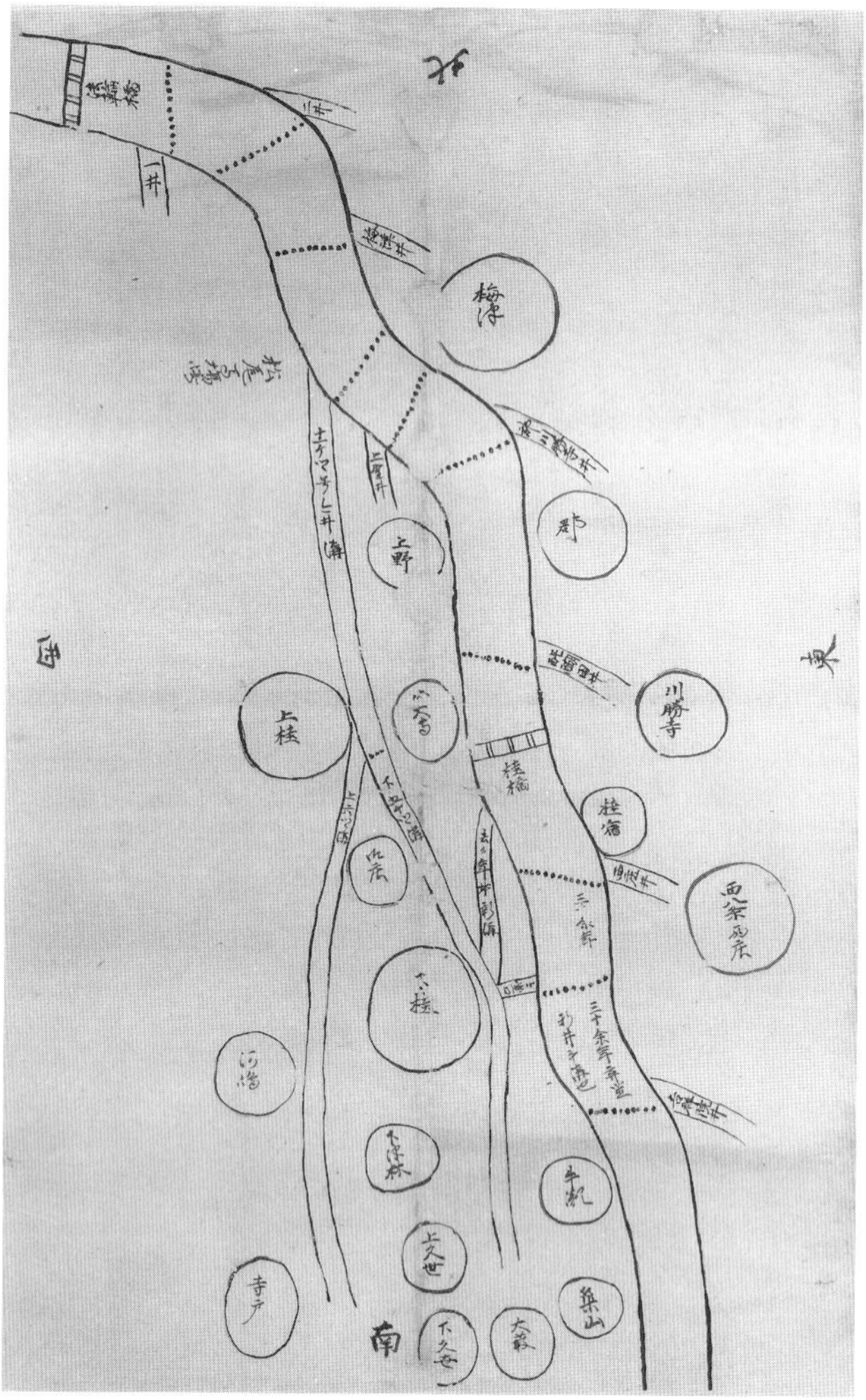

一カ郷今井溝」と呼ばれる大きな用水溝であることが一目でわかる。この絵図は西岡地域の一一郷に対して、桂川用水のうちでも有名な今井溝が、どのようなかたちで村々に引かれるものであったかを図示する目的で作成されたと考えられる。水がなければ田畑の耕作はできない。その結果年貢は納められなくなるから、用水は農民の生命線であるとともに、領主にとっても費用を出してでも確保しなければならない生産条件であった。そのため明応から文亀にかけてという長期にわたった用水相論に際して、上・下久世荘を含む五カ郷は東寺と、西八条西荘は石清水八幡宮とともに、訴訟に命をかけたのである。

幕府に訴えた際、証拠として提出されたこの絵図は、絵師に画かせたものであり、黒田日出男氏によるとまず「御荘」こと桂里の領主近衛家が作成し、西八条西荘方が写し取ったものであろうといわれている。東寺と上・下久世荘側（五カ郷側）も独自に絵師を雇って絵図を作ったようだが、その絵図は残っていない。逆に相手方のこの絵図が東寺文書に残っている点に、興味を覚える。

大小の用水溝の源たる取水口は、法輪橋のすぐ南にあった。ここは松尾神社社領内であったので、そこからの取水を、松尾社は中世後期に何度も渋る姿勢を見せている。松尾社側の主張は、将軍家が西芳寺に御成《おなり》になる時には、今井溝やその他の小さな溝に橋を架けるため、溝は埋めるのが習いであるというものであった。溝を埋められては、稲作に支障が出るので、周辺村落は結束してその対策に追われることになる。

寛正元年（一四六〇）の場合、二年前からおこった松尾社と一一カ郷との相論に関して、幕府は一一カ郷側の主張を認めている。それは、今井溝は昔からある用水溝であって、将軍家の御成ならば架橋すれば用は足り、溝を埋めてしまうことは納得できない、というものであった。幕府は今井溝への架橋を条件として、用水路に水を流すことを許したのである。この訴訟の経過を見ると、今井溝のような生活に必須の用水路でさえ、所の領主によって、埋めよなどと訴えられていることがわかる。当時の農民たちは、生産と生活の手段を自らの力で保持していかなければならなかったのである。

翌寛正二年（一四六一）の判決では、逆に一一カ郷の主張をくり返した上五カ郷（荘）の訴えも虚しく、敗訴し、松尾社側が勝訴している。といっても用水なしに生産は不可能であるので、上五カ郷・一一カ郷側も執拗に訴えた結果、寛正三年、革島荘の革島勘解由《かげゆ》の仲介で松尾社との合意が成立した。合意の内容とは、「取水口には堤を築き、松尾社境内に水が入るのを防ぐ」こと、「西芳寺参詣路に橋を架ける」ことであった。

この合意の中身から見て、用水溝といっても、今井溝のような大きな用水溝にも普段は橋は架かっていなかったこと、将軍家御成など特別の場合に、用水を利用する村落の負担で、橋が架けられたことがわかる。また、取水口の付近に高い堤を築くなどの補修・養生の作業も、常に用水利用村落の負担で行わねばならなかったこともわかる。

ところで明応から文亀にかけての相論では、上・下久世荘が「下五カ郷」の中心にあって相論を引っ張っていたことが知られた。以前の応永ごろには、上・下久世荘は上方井関から取水するグループに入っており、「上六カ郷」の内であった。ところが明応ごろには、下五カ郷の中に入っているのである。この理由は、用水路は洪水などでしばしば埋まり、常に修復や付け替えが必要であったことに求められる。桂川からの取水口や用水溝の形態が、時期によって変化した背景には、用水問題で周辺村落が領主や他の村落と、長期にわたって激しく戦わねばならないという事情があった。

明応の絵図に見えるように、下五カ郷は明応当時、今井溝からわかれる溝の水を利用することが難しくなり、かなり前から（一三八〇年以前と思われる）もっと下流の桂地蔵のあたりに取水口を持つ「地蔵河原用水」を利用していたと考える。そのため、この付近で東方に用水を取っていた西八条西荘と相論になったのである。「地蔵河原井手」が「下五カ郷井手」ともよばれるのはそのためである。

取水口つまり「井手」「井関」の位置は、相論にとって極めて重要な論点である。この井手の位置を絵図の上に記そうとすると、法輪橋と桂橋を目印として描くのが最もわかりやすかっただろう。橋は用水の取水口を絵図上に示す場合の基準点と見なされていたと考えられる。

桂川右岸西岡の諸村落が、一一カ郷・五カ郷・六カ郷などとして用水相論を経験したことは、経済的に大きな負担ではあったが、マイナス面ばかりではなかった。中世後期に西岡一帯で、領主の違いを越えて「惣郷」が形成されるのは、右のような用水の共同利用と時々の用水相論が存在したことによる。水の利用をめぐる村々のつながりは日常生活での結束を産み、ときにはそれが母体となって、農民闘争「一揆」を発生させることになったのである。

（田端泰子）

〔参考文献〕
田端泰子『中世村落の構造と領主制』（法政大学出版局、一九八六年）
宝月圭吾『中世灌漑史の研究』（畝傍書房、一九四三年）
黒田日出男「中世農業と水論」（『絵図に見る荘園の世界』、東京大学出版会、一九八七年）
〔挿図〕　東寺百合文書・ツ函三四一号（京都府立総合資料館蔵）

四条・五条橋の橋勧進と一条戻橋の橋寺

細川涼一

寛正の大飢饉と願阿弥

寛正二年（一四六一）は、京都が大飢饉に見舞われた年であった（西尾和美「室町中期京都における飢饉と民衆――応永二十八年及び寛正二年の飢饉を中心として――」）。前年の寛正元年（一四六〇）は凶作の年で、その冬からこの年の三月までに京都で飢え死にした人の数は、毎日三〇〇人とも、五〇〇人とも、あるいは六、七〇〇人ともいわれた（『大乗院寺社雑事記』五月六日条）。たとえば、東福寺霊院軒の大極（日記『碧山日録』の記主）は三月一六日、六条の街路で、飢饉のため河内国から京都に流れてきた老婦が、死んだ子を抱えて泣いているのに出会っている。大極はその子を埋葬するための男を雇うようにと、女性に金を渡すとともに、死んだ子の供養をすることを約した。

こうした中で、飢饉に苦しむ民衆に粥の施行《せぎょう》を行ったのが、時宗の僧で、のちに清水寺の勧進《かんじん》聖《ひじり》ともなった願阿弥《がんあみ》である。願阿弥は越中国の漁民の家に生まれたが、殺生することの報いを恐れて出家した人物といわれている（『碧山日録』三月一七日条）。彼は十穀絶ちをして、世人から「十穀坊主」と呼ばれた。

願阿弥は、勧進によって飢人の供養をすることを将軍足利義政に願いで、相国寺寺奉行の飯尾左衛門大夫を通じて、義政の許可が出された（『蔭涼軒日録』正月二二日条）。そこで彼は、その徒《と》（弟子）とともに二月二日から六日にかけて、六角堂長法寺の南の路、東洞院通から烏丸通の十数間に流民のための草屋を造り、病気のため足腰の立たなくなった人は竹輿《たけこし》に乗せてそこに連れてきた。そして、六日から毎日、粟粥の施行をした。これは、飢えた者に飯を食わせると倒れ死んだからである。

しかし、六角堂前の草屋の死者は、たとえば九日には一日で五、六〇人、一三日には一日で九七人を数え、飢え死にする人を食い止めることはできなかった。一七日には、願阿弥は毎日のように出る屍を、鴨川の河原と油小路の空地に塚を作って埋め、樹を立ててその霊を慰めている（『碧山日録』）。彼は粥の施行に際して大鍋一五口をもうけ、毎日八〇〇〇人分もの粥を炊くという大規模な施行を行ったが、それでも命を保ち、生きる者は少なかったのである（『碧山日録』二月二五日条、『臥雲日軒録抜尤』二月四日条）。

こうして、願阿弥は二月三〇日には、力なく流民の屋を撤収している（『碧山日録』）。三月三日に、彼は死者を四条橋と五条橋の橋下に穴を掘って埋め、塚を作った。その数は一穴に一〇〇〇人、二〇〇〇人とも（『大乗院寺社雑事記』五月六日条）、一二〇〇人とも（『碧山日録』三月三日条）いわれている。

願阿弥が六角堂前の流民の屋を撤収した同じ二月三〇日、願阿弥の活動にも注目して『碧山日録』に記してきた大極は、四条橋の上から鴨川の上流を眺めている。そこには、無数の屍が石の塊のように落ち、流水を塞いで腐臭がただよっていた。大極は正月からこの日までの二カ月の京都城中の死者を、八二、〇〇〇人と記している。それは、城北に住む一人の僧が、小片の木の卒《そ》都婆《とば》を八四、〇〇〇個造り、屍骸の上に一つ一つ置いていったところ、二〇〇〇個が残ったことからわかったのである（『碧山日録』）。

願阿弥が飢人の施行を断念して約一カ月、三月二五日に禅宗の五山寺院の一つである建仁寺が、足利義政の命で五条橋の上で施餓鬼《せがき》を行っている。これは、京中に爛壊した屍の死臭が充満する中で、飢饉で死んだ死者の霊を慰めるために行われたのである（『碧山日録』）。いわば、願阿弥による施行が餓死者を食い止めるために行われたのに対して、五山による施餓鬼は、餓死者を防ぐことを断念して、死者の供養のために行われた仏事であった。以後、四月一〇日には同じく五山の相国寺が四条橋で、一二日には東福寺が四条橋で、一七日には万寿寺が五条橋で、二〇日には南禅寺が四条橋で、そして二二日には天竜寺が桂川の嵐山渡月橋で、それぞれ施餓鬼を行っている。

施餓鬼に際しては、もとより餓死者一人一人の名は不明なのだから、霊牌（位牌）に「三界万霊十方至聖」（二〇日の相国寺）、「以前亡後没各々幽霊」（二二日の東福寺）、「河沙餓鬼各々幽霊」（二七日の万寿寺）、「他界此界一切亡霊」（二〇日の南禅寺）の字を書き、七如来の号を唱えることで餓死者の供養をしている（『碧山日録』）。二四日には大雨が降って鴨川をはじめとする諸河川の洲・渚に横たわっていた骸骨が流れ、人びとは「天下りて土となし、穢悪を洗う」と喜んだ（『碧山日録』）。

このように、寛正の大飢饉に際して、四条橋・五条橋はその橋下に飢饉で無念のうちに死んだ死者を埋めるとともに、橋上で施餓鬼が行われた橋でもあったことは、この橋の歴史を振り返る上で、忘れてはならないことである。

さて、寛正の大飢饉に際して願阿弥が橋下に死者を埋葬した五条橋は、実はかつて願阿弥自身が勧進によって造営したものであった（『碧山日録』寛正二年二月一六日条）。

そもそも、中世の鴨川の橋は、四条橋（祇園橋）も五条橋（清水橋。現在の松原通がかつての五条大路であり、中世の五条橋は現在の松原橋）も、それぞれ祇園社や清水寺への参詣路に架かる橋として、勧進聖が人びとに寄付を募る勧進によって架橋したものであった。こうしたことから、五条橋は勧進橋とも呼ばれた。

四条橋は、院政期の永治二年（一一四二）に、ある勧進聖が渡したが、その後、鴨川の氾濫で流失したらしく、久寿元年（一一五四）三月二九日、僧妙という勧進聖が洛中の人びとを勧進して新造し、この日、橋供養があった。一方、五条橋については、保延五年（一一三九）六月二五日に、清水寺橋の供養が行われた記事がある。しかし、鎌倉時代の安貞二年（一二二八）七月二〇日、激しい風雨で鴨川が洪水になり、四条橋・五条橋はともに流されて、漂没する人びとが少なくなかった（『百錬抄』）。鎌倉幕府は、その七年後の文暦二年（一二三五）正月二六日、所領を知行している西国御家人の中で、京都大番役を怠った者に、その過怠を償うために清水寺橋（五条橋）の修理を命令している（佐藤進一・池内義資編『中世法制史料集』第一巻鎌倉幕府法、追加法六九条）。

以後も中世を通じて、四条橋・五条橋は架け替えられた。四条橋は、応永七年（一三七四）二月に、祇園感神院の十穀聖が修築し、宝徳二年（一四五〇）六月には、九州の住人正等入道が四条橋を造り、祇園会の神輿《しんよ》を渡している。また五条橋は、応永一六年（一四〇九）春、京都の住人慈恩が浄財二〇〇文を出して巨財を集め、慈鉄なる僧が設計をして、長さ八六丈（二六〇メートル）・幅二四丈（七・三メートル）もの長大な橋を完成した（『本朝高僧伝』巻第五十九南禅寺円伊伝、瀬田勝哉「失われた五条橋中島」）。願阿弥の五条橋の勧進は、これらの勧進聖の橋勧進の先蹤をうけてのものといえるのである。

願阿弥は、寛正の大飢饉ののち、応仁・文明の乱で焼失した清水寺の再興勧進も行った。彼は、文明一〇年（一四七八）四月一六日、現在も清水寺鐘楼に釣られている鐘を勧進によって鋳造した。鐘には、「南無阿弥陀仏、大勧進願阿上人敬白、文明十戊戌年卯月十六日、大工藤原国久」の銘文が鋳られている（『清水寺史』第一巻通史・上）。さらに翌文明一一年三月、願阿弥は清水寺本願職に補任された。彼の清水寺再興勧進に寄進した人物のトップは、日野富子である（「清水寺再興奉加帳」――『清水寺史』第一巻、二七六頁参照）。文明一四年（一四八二）八月に本堂の上棟、一六年六月には、応仁・文明の乱で五条東洞院に避難していた本尊の遷座が、人びとが群集して市を成す中で行われた（『親長卿記』）。

また、彼は奈良の元興寺極楽坊の曼荼羅堂の千部経の勧進も行い、文明一三年（一四八一）六月二六日にその供養が行われている（『大乗院寺社雑事記』）。

こうして、生涯を勧進活動に過ごした願阿弥は、文明一八年（一四八六）五月一三日、五条橋の中島の堂で死去した。興福寺大乗院尋尊の『大乗院寺社雑事記』五月一六日条に次のようにある

一清水寺勧進聖（願阿弥）（十穀）、去んぬる十三日入滅し了んぬ。別当の力者、十四日かの寺に行き向かうの処、五条橋の上において昨日入滅の由、これを聞き付け、それより罷り帰り了んぬ。

聖子細申すことこれ在るの間、相尋ぬるの処、かくの如しと云々。不便不便。弟子伊勢なる者これ在り。続くべきかと云々。色々これを辞退すと云々。

文意は願阿弥が五条橋上で入滅したとも、尋尊の使者の力者が五条橋の上で願阿弥死去の報を聞き、そこから奈良にもどったともとれるが、五条橋には中島があるのだから、中島の堂（後述する大黒堂）で願阿弥が死去したと考えてもいいのではあるまいか。

五条橋の中島と大黒堂（法城寺）

現在の五条大橋は、天正一八年（一五九〇）、豊臣秀吉による方広寺大仏殿造営にともない、その参詣路である旧六条坊門小路を新しい五条通とし、大仏殿の参詣路に架けた橋を五条橋と称するようになったものである。古くは、現松原通が五条大路にあたり、清水寺への参詣路に架けられた現在の松原橋が、中世までの五条橋であった。

さて、室町時代末期の町田本や上杉本の「洛中洛外図屛風」や「清水寺参詣曼荼羅」には、五条橋には、鴨川の中島をはさんで二つの橋が描かれている。五条大路からまず西の橋を渡り終えると中島があり、中島からまた東の橋があって鴨東の清水に渡るのである。中世の五条橋に中島があり、中島をはさんで東の橋と西の橋の二つの橋があったことは、最近、川嶋将生・瀬田勝哉・下坂守の各氏によって注目されてきた（川嶋将生「法城寺と五条橋」、瀬田勝哉「失われた五条橋中島」、『清水寺史』第一巻通史・上)。そこで、ここではこれらの先行研究を参照しながら、五条橋の中島について述べることにしたい。

「清水寺参詣曼荼羅」(大阪市立博物館編『社寺参詣曼荼羅』)には、中島に「大こくだう」(大黒堂)という寺院が描かれ、堂内に本尊の大黒天も描かれている。そして、大黒堂の門前では、勧進聖が五条橋を渡る人に杓を指しだして通行税を取っている。いわば、大黒堂は五条橋の中島にあって、五条橋を管理する寺院であったことがわかる(図1)。

この大黒堂については、『雍州府志』四の「法城寺」の項に次のようにある。

法城寺　五条橋東北中島に在り。安部清明河水の氾濫を祈り、水立ちどころに流れ去る。これに依って寺を河辺に建て、法城寺と号し地鎮となす。言うところは水去りて土と成るの義なり。

図1　五条橋の大黒堂

清明の死後この寺に葬る、世に清明塚と称す。この寺ははじめ真言宗なり。中つ世浄土宗となる。弥陀を安置して改めて心光寺と号し、知恩院に属す。しかるの後、洪水数度寺中に入り、安居するを得ず。慶長十二年住職寿林和尚、寺を三条橋の東に移す。今存する所の器物、法城寺の字あるもの多し。

これによれば、大黒堂は正式な寺名を法城寺といい、五条橋の中島にあって、安部清明が鴨川の治水を祈願して建てたという伝承があったことがわかる。法城寺の寺名は、「水（法の偏のさんずい）去りて（法の旁の去）土（城の土偏）と成る（城の旁）」から来たものという。この寺名からもうかがえるように、五条橋中島にあったこの寺は、鴨川の治水・地鎮と関わる寺であった。

『太平記』巻二一には、元弘・建武の乱（一三三一〜三八）で焼けた寺の一つとして法城寺の名があげられているから、安部清明が開基であるという伝承の真偽は別として、法城寺が鎌倉時代に存在していたことは確実である。安部清明を法城寺の開基と伝え、清明塚がこの寺にあるとされたのは、安部清明を祖神として神格化した声聞師《しょうもんじ》（賤民的な民間陰陽師。呪術的な下級芸能者）が活動の拠点として集まったのが、法城寺であったからであろう。法城寺の別名は大黒堂であったが、声聞師の中には「声聞師大黒党」と呼ばれる、大黒舞を舞うことを職種とする人びともあった。

また、禅宗の放下僧《ほうかそう》である自然居士《じねんこじ》（謡曲「自然居士」の主人公）は、『日本名僧伝』の自然居士伝によれば、「自然居士は、南禅寺開山大明国師（無関普門――引用者）の弟子なり。大明国師は、東福開山聖一国師（円爾弁円――引用者）の弟子なり。自然居士、東山雲居寺・法城寺の両寺に住す。蓋し法城寺の二字、水去りて土と成るの義と云々」とあるように、東山の雲居寺と法城寺に住んだことがわかる。すなわち、法城寺は自然居士や声聞師などの下級芸能者が拠点とした寺であったことがうかがえるのである。ちなみに、自然居士の弟子、東岸居士・西岸居士は、謡曲「東岸居士」「西岸居士」に描かれるように、鴨川の橋勧進の聖であった（原田正俊『日本中世の禅宗と社会』）。

このように、下級芸能者の拠点であり、鴨川の治水とも関わる法城寺は、同時に五条橋の中島にあって、五条橋を管理する寺院として、かの五条橋の勧進聖願阿弥もここで終焉の時を迎えたのであった。

一条戻橋と一条雲寺

京都の北の境界、堀川の一条大路に架かる一条戻橋《もどりばし》は、鴨川の四条橋・五条橋、桂川の渡月橋とならんで、京都でももっとも有名な橋の一つである。一条戻橋の名の由来は、浄蔵が父の三善清行の訃報に接し、急ぎ熊野から帰る途中、この橋の上で父の葬列に会い、一時父を蘇生させたという伝説にもとづく（『三国伝記』）。そのほか一条戻橋は、渡辺綱がこの橋の上で会った鬼女

図２　現在の一条戻橋

の片手を切り落とした話、陰陽師の安部清明が橋下にその使役する恐ろしい容貌の職神を封じこめたという伝説などの数々の怪異譚で知られた。

ことに後者は、一条戻橋が橋占をする場所であったことからする伝説で、藤原頼長の『台記』久安六年（一一五〇）九月二六日条には、一条戻橋で橋占をしたところ、「この橋の別当にならん人は、同じ司といふとも、めでたき司かな。米を土と踏まんには」という吉の結果が出たことが記されている。また、治承二年（一一七八）一一月一三日、建礼門院徳子による安徳天皇のお産に際しても、一条戻橋で橋占が行われた（『源平盛衰記』巻一〇）。

このように、数々の怪異譚とともにその名を知られた一条戻橋であるが、五条橋の法城寺と同じく、一条戻橋に橋を管理する橋寺があったことは意外と知られていない。もとより、中島ができる鴨川のような大きな川とは違って堀川は小さな川であり、一条戻橋の橋寺も東の橋詰にあった。

播磨国に福泊（現姫路市）という瀬戸内海航路の要衝の津がある。正慶元年（一三三二）八月、福泊を管理する雑掌の良基・明円らが福泊の升米（福泊を修築するための関銭）を東大寺領である兵庫嶋で取り、東大寺八幡宮の関務を妨害したとして、東大寺八幡宮神人から訴えられる事件があった。そして、良基・明円は、東大寺との訴訟に際して、一条戻橋寺の律僧とも恩徳院長老とも呼ばれた覚妙房静心（浄信）に訴訟を委託したのである（「東大寺文書」、細川涼一「鎌倉仏教の勧進活動」）。

福泊は、正応五年（一二九二）頃、律宗寺院の和泉久米田寺の長老行円房顕尊が勧進上人として築造工事をはじめた津である。彼は福泊築料として、出入りの船から一艘三〇〇文ほどの津料を取り立てて福泊の修築をはじめたが、完成を見ないままに正安二年（一三〇〇）に久米田寺で死去した。そのあとを、久米田寺の檀越で北条氏得宗被官の安東蓮聖が継ぎ、彼の手で乾元元年（一三〇二）に福泊の築嶋は完成している。その後、福泊の勧進上人は、律明房なる律僧が継いでいるが、ここで一条戻橋寺の律僧とも恩徳院長老とも呼ばれた覚妙房静心（浄信）は、東大寺八幡宮神人が訴えたように、単に福泊の訴訟を委託された人物なのではなく、行円房顕尊・律明房のあとを承けて福泊津の勧進上人として関務を取り仕切った律僧であったのである（鎌倉時代の勧進上人は、多く律宗の僧侶が補任された）。

そのことは、花園大学福智院家文書研究会編『福智院家古文書』の元徳三年（一三三一）七月二〇日付沙弥覚忍書状案に、次のようにあることに明らかであろう。

当国福泊升米の事、今年四月御教書案かくの如し。仰せ下さるるの旨に任せて、見知らんがため、明後日廿二日入部せしむべく候。恐々謹言。

元徳三年七月廿日　　沙弥覚忍判

浄信上人御房代官

すなわち、覚妙房浄信（静心）は、顕尊と同じく福泊津の升米を徴収する権利を認められているのであり、彼が福泊の勧進上人であったことは、この文書から確実である。

このように、福泊津の勧進上人として、海上交通の要衝を抑えた浄信は、一条戻橋寺に住み、恩徳院長老とも呼ばれているのであるから、一条戻橋寺の寺号が恩徳院であったと考えていいであろう。恩徳院は顕尊が開山となった和泉久米田寺と同じく、唐招提寺末寺の律宗寺院であり（『招提千歳伝記』枝院篇）、のち一条戻橋の橋詰から移転して、同じく唐招提寺末の西八条遍照心院（源実朝の妻が夫の菩提を弔うために建てた寺）の子院となった（『山城名勝志』巻之五）。

さらに、『関東往還記』裏書の律系譜には、唐招提寺中興開山長老覚盛の弟子の一人として、「浄禅上人　一条雲寺」の名が見出せる。一条雲寺も恩徳院（一条戻橋寺）と同一寺院であり、一条雲寺開山の浄禅は浄信と「浄」字を同じくすることから、浄信の師であった可能性が高い。一条雲寺は後述するように村雲大休寺とも呼ばれたが、「中古京師内外地図」には、一条戻橋の東の橋詰、現在の上京区竪富田町に村雲大休寺が描かれている。以上を整理すると、一条戻橋寺＝

一条雲寺＝村雲大休寺＝恩徳院となる。

『太平記』巻二五「宮方の怨霊六本杉に会する事」には、後醍醐天皇の側近の僧侶たちが、死後天狗となって仁和寺の六本杉に集い、足利尊氏・直義兄弟に取り憑き、両者の仲を裂いて、観応の擾乱（室町幕府内部の分裂抗争）を起こさせようと評議する話がある。それによると、後醍醐側近僧の一人、峯の僧正春雅の提案は次のようなものであった。まず、大塔宮護良《もりよし》親王が足利直義の内室の腹に男子となって生まれ変わる。また、夢窓国師の弟子で直義の帰依僧に妙吉侍者という慢心の僧がいる。春雅がその心に入れ替わって、邪法を説かせる。後醍醐側近僧であった智教は直義派の上杉重能・畠山直宗の心に憑依し、一方、同じく忠円は尊氏派の高師直・高師泰の心に入れ替わって、互いに相手を滅ぼそうという計画を立てさせる。これによって、尊氏・直義兄弟の仲が悪くなり、高師直は主従の礼に背いて、天下に大乱が起きるであろう、というのである。

この記事で、夢窓疎石の弟子であり、直義の帰依を得て慢心した僧として見出せる妙吉侍者は、『太平記』二六「妙吉侍者の事」によれば、ダキニ天の外法《げほう》を行い、直義の帰依を得て高師直・師泰兄弟の失脚に一役買った人物である。彼は「一条堀川村雲の反橋《もどりばし》と云所に、寺を立て宗風を開基するに、左兵衛督（足利直義――引用者）日夜の参学朝夕の法談隙無かりければ」とあるように、一条堀川村雲の戻橋の寺（一条戻橋寺）に住んだ。すなわち、一条戻橋寺の住持として、浄禅—浄信—妙吉の系譜を考えることができるのである。

洞院公賢《とういんきんかた》の『園太暦《えんたいりゃく》』によれば、貞和五年（一三四九）八月一四日、高師直は直義派の上杉重能・畠山直宗・妙吉の身柄引渡しを求めたが、妙吉はすでに閏六月三日の朝に京都を逐電していた。一方、上杉重能・畠山直宗の二人は師直党の分国である越前に護送され、同年一二月に殺害されている（貞和五年八月の政変。小川信『足利一門守護発展史の研究』）。

『雍州府志』巻四・巻八、『山城名勝志』巻之二などの近世の地誌類は、妙吉が直義の帰依僧となって住んだ一条堀川の村雲の寺院は、「村雲寺」「雲寺」とも呼ばれた大休寺のことであり、大休寺は応仁の乱で焼失したと、『応仁記』などの中世史料をも引用しつつ伝える。ただし、『園太暦』『太平記』などの、妙吉の名が登場する南北朝期の同時代史料には、大休寺の寺名は見出せない。『園太暦』貞和五年閏六月四日条によれば、京都を逐電した妙吉は、石清水八幡宮に参籠したとも、美作に下向したとも噂されたが、事実は直義の使者として備後国の足利直冬のもとに下向した。

『太平記』には、一条雲寺は妙吉が開山として建てたように記されているが、覚盛弟子の浄禅が鎌倉後期に開山した唐招提寺派の律宗寺院であることは『関東住還記』裏書に確実であり、妙吉も夢窓疎石と同門の禅僧となる以前は、一条雲寺に住する唐招提寺派の律僧であった可能性が少なくない。ちなみに、夢窓疎石の門徒に、律僧がいたことは他の史料からもうかがえる（玉村竹二『夢窓国師』）。

このように、一条戻橋の橋寺として一条戻橋を管理した一条戻橋寺（一条雲寺）は、同時に、福泊の勧進上人として瀬戸内海の海上交通の要衝を抑えた浄信、足利直義の帰依僧としてダキニ天を祭ったといわれ、観応の擾乱で暗躍した妙吉侍者などの特徴のある僧侶をも生み出したのであった。

東寺門前の茶売人・綴法師・いたか

「東寺百合文書」に、応永一〇年（一四〇三）四月、東寺の南大門門前の茶売人が東寺に提出した次のような請文が残されている（上島有・大山喬平・黒川直則編『東寺百合文書を読む』）。

（端裏書）「南大門一服一銭請文応永□□四□」

謹んで請け申す　南大門前一服一銭茶売人条々

一、根本の如く南の河縁に居住せしめ、片時たりといえども、門下石階の辺りに移住すべからざる事。

一、鎮守宮仕部屋に、暫時といえども茶具足以下を預け置くべからざる事。

一、同宮ならびに諸堂の香火、取るべからざる事。

一、灌頂院閼伽井の水、汲むべからざる事。

右条々、一事たりといえども、違越せしめば、速やかに寺辺を追却せらるべし。よって謹んで請け申す所の状、件の如し。

応永十年四月　日

道　覚（略押）
八郎次郎（略押）
道香後家（略押）

この史料から、東寺の南大門門前には、参詣客を目当てとする茶屋を経営する一服一銭の茶売人がいたことがわかる。彼らは、もともと東寺の南の河べりに居住して南大門門前に通っていたが、この当時は門前の茶屋に移住するようになっていたことがうかがえる。さらに、彼らは東寺の鎮守八幡宮に仕える宮仕《みやじ》（神殿の奉仕や神前の掃除に従事した下級の社家）に茶釜・火鉢などの茶道具をあずけ、茶を立てるのに鎮守八幡宮や東寺の諸堂の香火を使ったり、灌頂院閼伽《あか》井の水を汲んでいたこともわかる。

「東寺百合文書」の別の文書には、宮仕が巡礼の女性を宮仕部屋に入れて一緒に酒を飲んだり、巡礼を泊めていたことが見える一方、門前の茶売人が遊君を集めたこともうかがえる。丹生谷哲一氏はこれらのことから、「宮仕らは、むしろ一服一銭とグルになって、茶道具などを預かり巡礼や遊君を集めるなどしていたことが想像されよう」と述べている（「一服一銭茶小考」、今谷明『京都・一五四七年』）。すなわち、一服一銭は東寺の宮仕とつながることによって、茶屋の経営をしていたのである。

一服一銭とは、抹茶一服が銭一文で売られたからとも、一服の抹茶を立てるのに銭の大きさの匙を用いたからとも考えられている（吉村亨「一服一銭と門前の茶屋」）。

このように、東寺の南大門門前に進出していた茶売人は、もともと東寺の南東の鴨河原に居住していた人びとなのであった。

彼らの居住地であるという確証はないが、東寺の南東の南区九条、鴨河原の現勧進橋（銭取橋）に近いあたりには、南河辺町という地名もある。

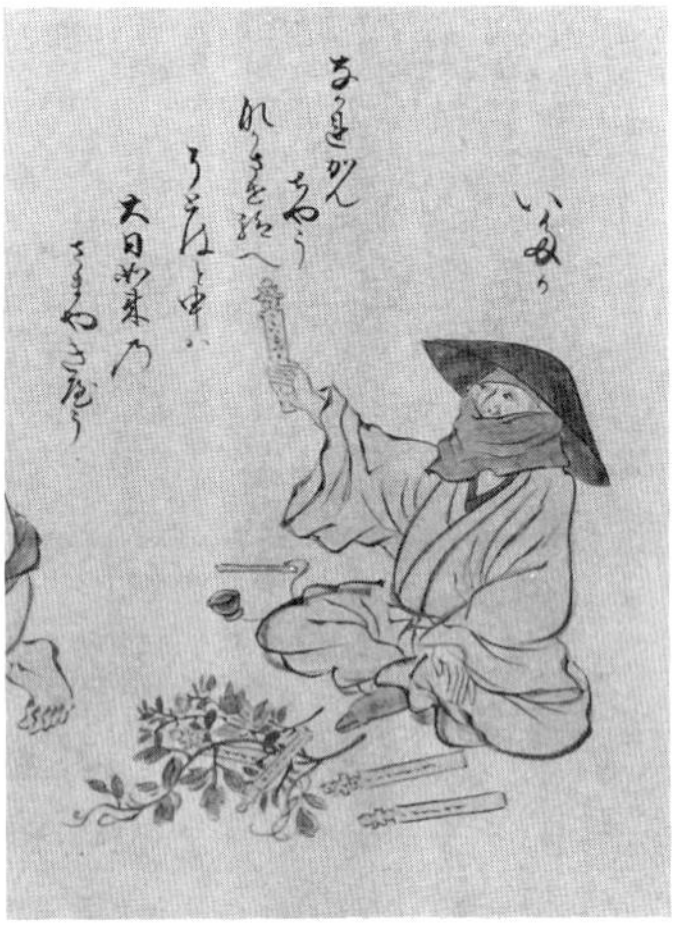

図3　乞食僧「いたか」

また、鎌倉時代、四条橋の橋下には綴《つづれ》法師と呼ばれた「天下の悪党」が居住していた。六波羅探題の武士後藤某が捕らえてその頸をはねさせたという（『蔭涼軒日録』長享二年八月一一日条・同八月二一日条）。綴法師とは、しばしば指摘されるように、粗末な衣をまとった乞食風の僧で、暮露《ぼろ》（ぼろぼろ）と同一であると考えていいであろう（太田順三「中世の民衆救済の諸相――橋勧進・非人施行・綴法師――」、瀬田勝哉「失われた五条橋中島」）。ところが、綴法師の怨霊が処刑した河原者に祟ったため、綴法師の怨霊を払うために五条橋下（四条橋の誤りであろう）の河原に廟を築き、防水を祈願したのが夏兎王廟《げうおうびよう》であるという。近世の神明社（現東山区祇園町南側、四条橋の東詰にある目疾《めやみ》地蔵＝仲源寺の西角にあった）がその後身にあたる。

さらに、室町時代の『七十一番職人歌合』三六番には、板の卒塔婆に経文や戒名を書き、川に流して流灌頂《ながれかんじよう》を行い死者の供養をすることで、銭を乞う賤民的な乞食僧「いたか」が描かれている（図3）。その「いたか」の詠歌として、「いかにせむ五条の橋の下むせびはては涙の流灌頂」（五条橋の下を流れる川の水がむせんでいるように、恋の忍び泣きをし、最後は悲しみの涙が流れる流灌頂である）という歌が歌われている（岩崎佳枝・網野善彦・高橋喜一・塩村耕校注『七十一番職人歌合・新撰狂歌集・古今夷曲集』）。「いたか」が流灌頂を行う場所が五条橋の橋下であったことを示すものであろう。

このように、中世の鴨川の河原は茶売人・綴法師・「いたか」など多様な職種の人びとが活動の舞台としたのであった。

〔参考文献〕

西尾和美「室町中期京都における飢饉と民衆――応永二十八年及び寛正二年の飢饉を中心として――」（『日本史研究』二七五号、一九八五年）
佐藤進一・池内義資編『中世法制史料集』第一巻鎌倉幕府法（岩波書店、一九五五年）

瀬田勝哉「失われた五条橋中島」（『洛中洛外の群像』、平凡社、一九九四年）
『清水寺史』第一巻通史・上（法蔵館、一九九五年）
川嶋將生「法城寺と五条橋」（『中世京都文化の周縁』、思文閣出版、一九九二年）
大阪市立博物館編『社寺参詣曼荼羅』（平凡社、一九八七年）
原田正俊『日本中世の禅宗と社会』（吉川弘文館、一九九八年）
細川涼一「鎌倉仏教の勧進活動」（『中世寺院の風景』、新曜社、一九九七年）
花園大学福智院家文書研究会編『福智院家古文書』（花園大学、一九七九年）
小川信『足利一門守護発展史の研究』（吉川弘文館、一九八〇年）
玉村竹二『夢窓国師』（平楽寺書店、一九五八年）
上島有・大山喬平・黒川直則編『東寺百合文書を読む』（思文閣出版、一九九八年）
丹生谷哲一「一服一銭茶小考」（『日本中世の身分と社会』、塙書房、一九九三年）
今谷明『京都・一五四七年』（平凡社、一九八八年）
吉村亨「一服一銭と門前の茶屋」（『中世地域社会の歴史像』、阿吽社、一九九七年）
太田順三「中世の民衆救済の諸相――橋勧進・非人施行・綴法師――」（民衆史研究会編『民衆生活と信仰・思想』、三一書房、一九八五年）
岩崎佳枝・網野善彦・高橋喜一・塩村耕校注『七十一番職人歌合・新撰狂歌集・古今夷曲集』（岩波書店、新日本古典文学大系、一九九三年）

〔挿図〕
図１　清水寺参詣曼荼羅（滋賀・中島家蔵）
図３　七十一番職人歌合（東京国立博物館蔵）

堀川の船橋・水落寺と忍性

鎌倉時代の上立売堀川には、船橋が架かり、律宗寺院の水落寺によって管理されていた。それは、上京区北舟橋町の地名として今日に伝わる。次に、そのことを語る史料を示そう。最近、西岡芳文氏によって紹介された、尊経閣文庫所蔵『古書雑記』所収の永仁五年（一二九七）八月一一日付沙門弘実譲状案によると、弘実なる僧が寺院の本尊、聖教、堂舎・僧房とその敷地、田畠・仏具・資材雑具を良観房忍性に譲り渡している（西岡芳文「尊経閣文庫所蔵『古書雑記』について」）。

　　譲り渡す　本尊・聖教・堂舎・僧房・同敷地ならびに寄進の田畠・仏具・資材雑具
　　等の事

右、本尊大小愛染明王像・聖教顕密・堂舎・僧房・水堂・船橋・同敷地ならびに寄進の田畠等仏具・資材雑具、残る所なく良観上人（忍性——引用者）ニ譲り渡す。元ハ師匠故大鏡上人の時より、同法中ニ殊に契約深く申し承る上、相互ニ真言の大事を伝え奉り、又受たてまつる事、因縁浅からざるによりて、仏法興隆のために、永代を限りて譲り渡し畢んぬ。またく《（全く）》他人さまたげ有るべからず。敷地等の子細ハ本証文等ニ見えたり。よって後日のため証文件の如し。

永仁五年八月十一日　　　沙門弘実在判

この書状で注目すべきは、弘実が良観房忍性に、寺院の本尊・聖教・堂舎・僧房とともに、「水堂」「船橋」とその敷地を譲り渡していることである。

西岡氏はこのことから、「忍性はこの年八月九日、宮中真言院で両部曼荼羅供養を行っており、京都付近の水辺に立地した寺院のように思われる」と述べている。

ここにその名を見出せる良観房忍性（一二一七―一三〇三）は、鎌倉時代に戒律復興運動をした西大寺叡尊の弟子であり、鎌倉極楽寺を拠点として非人救済や架橋などの社会事業を行った律僧である。

船橋

ところで、船橋（舟橋）は、『山城名勝志』巻之二に「上立売堀川ニアリ」とあり、また、『山州名跡志』巻之一七には「云二今出河通堀河橋一」とあるように、上立売堀川（現上京区北舟橋町）と今出川堀川（現上京区南船橋町）の堀川の一条戻橋より上流の二カ所に架橋された橋の地名を指した。

このうち、上立売堀川の舟橋の東に水落町（現上京区水落町）があるが、水落町の地名は『京町鑑』が「水落町　此町、古の水落寺の旧地也。俗に地蔵辻子とも、又水落辻子とも云」と伝えるように（『史料京都の歴史7・上京区』七一頁）、水落寺があったことに由来する。

水落寺については、『山城名勝志』巻之二も、「水落ノ寺」の項を設け、「水落ノ町ハ在㆓上立売ノ南小川ノ西㆒、其所有㆓地蔵ノ辻子㆒、是寺跡カ今水落ノ地蔵堂在㆓知恩寺ノ西㆒」と、上立売小川から近世に田中村の知恩寺の近辺に移転したことを述べる。

すなわち、忍性が弘実から譲り渡された「水堂」「船橋」を付属施設として持つ寺院は、中世には上立売小川の西（上立売堀川の東）にあった水落寺である可能性が高いといえよう。水落寺のあった小川町中は、一六世紀には町衆による防御施設としての釘貫が築かれていたことでも知られる（今谷明『戦国期の室町幕府』）。

忍性の活動の拠点は、もとより鎌倉であるが、京都では東山太子堂を開山しているから（林幹弥『太子信仰の研究』）、東山太子堂と同様に水落寺も、忍性によって管領された律宗寺院であったと考えていいであろう。

船橋とは、船を横一列にならべて岸から綱や鎖でつなぎ止め、その上に板をわたして橋とした、簡単に架けることができ、また取りはずすことができる橋である（上田篤『橋と日本人』）。上立売堀川に架かり、水落寺によって管理された船橋も、今出川堀川の船橋とともに、船をつないだ簡便な橋であったと考えられる。中世の堀川には、以上のように船橋と呼ばれた簡便な橋が架けられ、人びとの往来に使われていたのである。

（細川涼一）

〔参考文献〕
西岡芳文「尊経閣文庫所蔵『古書雑記』について」（『金沢文庫研究』二九九号、一九九七年）
京都市編『史料京都の歴史7・上京区』（平凡社、一九八〇年）
今谷明『戦国期の室町幕府』（角川書店、一九七五年）
林幹弥『太子信仰の研究』（吉川弘文館、一九八〇年）
上田篤『橋と日本人』（岩波新書、一九八四年）
〔挿図〕 伊勢参詣曼荼羅（神宮徴古館蔵）

III 近　世

中扉写真：四条大橋(上)と荒神橋

公儀橋から町衆の橋まで

朝尾直弘

聖から俗へ　公儀による「化度」

中世から近世に入って、鴨川と橋をめぐる環境もいちじるしく変化した。大名の統合された公儀権力（幕藩体制）が成立するにつれ、鴨川の改修整備、そこに架かる橋の造営・修復・利用など、さまざまな面で公儀が大きな役割りを演じるようになった。

河原のもっていた聖性・境界性はうすれ、世俗性・連続性が表面に浮かびあがってきた。祇園社・清水寺と関係の深かった四条橋・五条橋も公儀の管掌する部分が拡大し、中世にはそれほどではなかった三条橋の比重がおもくなった。三条大橋は公儀権力の設定した東海・東山両道の起点となり、幕藩体制の支配をささえる公的交通路の基軸をになうこととなった。境界よりも向う岸へ連続する通路の性格が強くなった。

橋脚を六三本の石柱でささえ、「盤石《ばんじゃく》の礎《いしずえ》、地に入ること五尋《ひろ》の功」、日本における石柱橋の濫觴《らんしょう》（初まり）かとされた三条大橋は、擬宝珠《ぎぼし》の銘に「洛陽三条の橋、後代に至り、往還の人を化度《けど》す」と記している。「化度」は衆生《しゅじょう》（一般の人類、生物）を教え導き、救うことを意味する。豊臣秀吉の命により増田《ました》長盛を奉行として造営されたことを思うと、これは豊臣政権が人びとを「化度」するために架橋したと読める。秀吉は天正一七年（一五八九）架橋を命じ、翌一八年橋は完成し、三月一日秀吉は小田原の後北条氏を討つため橋を渡って東国に向かった。天下一統の事業と結びついて橋はできたのであり、「化度」のなかにはそれも含まれていたといえよう。

本能寺の変後、明智光秀を破った羽柴秀吉は、捕えた光秀の家老斉藤利三を六条河原において斬った。関ケ原の戦いに決着がついた後、西軍の首領であった石田三成・小西行長・安国寺恵瓊は六条河原で斬られ、三条橋の橋詰に首を晒《さら》された。大坂夏の陣後、捕えられた長曽我部盛親もまったく同様、六条河原に斬られ、三条大橋のかたわらに梟《さら》された。このころまで六条河原は処刑の場であった。

しかし、一七世紀の半ば過ぎ、処刑は粟田口と西土居の西側の二つの場で執行されるようになっていた。いずれも、三条通りの東西両端にあった。ただし、晒しなど一般民衆に対して「見せしめ」をする場は、三条大橋東詰に残された。

河原は大幅に縮小・消滅への方向をたどり、流水を通す水路となり、橋はただ人間と物資を向う岸へ届ける公共交通施設としての性格を強めた。

信長　四条橋を架け直す

天正四年（一五七六）五月二二日、未明から降り続いた雨で鴨河原は洪水となり、洛東吉田山から京都にいたる道路は不通となった。このところ天候不順で、日照りかとみれば大雨が降り、大夕立に雷鳴とともに雹《あられ》が降って、草木の枝葉をことごとく破損させた。それがつい五日ほど以前のことであった。五月三〇日所司代村井貞勝に枇杷《びわ》一枝を贈った神祇大副《だいふ》吉田兼見は、村井からの返事に「明六月一日から四条の橋普請を行うので、今夜人足を出すように」とあるのを見た。翌日、吉田郷から三〇余人の人足が鈴鹿修理進《すずかしゆりのしん》に率いられて橋普請に参加している。京都周辺の他の地域、村々からも人足が出たかもしれない。六月二五日、再度村井から使者が来た。四条橋の普請はおおかたできた。今日だけでよいから人足をもうすこし合力してほしい、という。突然のことで、とりあえずおり次第申しつけましょうと返事をし、後刻人足を遣わした。このことは、勧進橋の性格の強かった四条橋が信長の世俗的な権力により修復されたことを示している。

この年、祇園会《ぎおんえ》は六月一四日に行われている（『言継卿記』）。したがって、この架橋普請は祇園会にはまにあわなかったと思われる。はたして普請が祇園会のためであったかどうか、判断はむつかしい。祭礼を念頭に人足動員に利用したのかも知れない。しかし、勧進聖《かんじんひじり》の活動も勧進輿行の催しもその影が見えず、室町時代の勧進を幕府が支援するかたちがとられた形跡はない。幕府が倒れて満三年、工事は織田政権の手によって積極的に推進され、短期間（一か月以内）に完了した。世俗権力の関与する度合いは圧倒的であった。

もう一つ、注意すべき事件があった。六月一七日兼見は「四条河原者屋敷」に稲荷大明神が勧請されたことを記録している。鴨川の河原に河原者の「在家」があったのはたしかであるが、それが「屋敷」とよばれているところをみると、河原とはいえ定住・定着が進んでいたのではなかろうか。また、五条以南を氏子圏とし、農耕神でもある稲荷大明神が「四条河原者」の屋敷に勧請されるとはどういうことか。さしあたっては、「河原者」の定住と農耕への志向を示すとみておきたい。晴明塚や法城寺に代わって、稲荷大明神の神威に頼る変化が生じていた。

さて、せっかく架けなおした四条橋であったが、天正六年五月の洪水でまた流失してしまった。たまたま、信長の播州出陣の日と定められていたため、洪水を押して出発する織田軍の様子が『信長公記』に記述されている。

十一日巳《み》刻（午前十時頃）より雨つよく降り、十三日午《うま》刻（正午ごろ）迄、雨あらくふり続き、洪水生便敷《ヲヒタヽシク》出で候て、賀茂川・白川・桂川一面に推《お》し渡し、都の小路々々、十二日・十三日両日は一つに流れ、上京舟橋の町推流《おしなが》し、水に溺《ヲホレ》、人余多《あまた》損死候なり。村井長門（貞勝）新《あたらしく》敷懸けられ候四条の橋流る。か様に洪水にて候へども、今迄信長公御出陣と候へば、御日取の日限相違ござなきによつて、御舟にても御動座なさるべきかの儀を存じ、淀・鳥羽・宇治・真木の島・山崎の者共、数百艘、五条油小路迄櫓櫂を立て参る。

洪水時の京都の状況をよく描写している。賀茂川・白川・桂川が一斉に洪水を起し、二日間にわたって市街は水びたしになり、舟橋のように町ぜんたいが流された所もあった。一昨年できたばかりの四条橋も流失してしまった。それでも信長はこれまで予定を変えたことがなかったので、出陣するであろうと見込んで淀・鳥羽・宇治・槇島・山崎から数百艘の船が五条油小路まで櫓櫂《ろかい》を立てて集結した。中世、下京街区の南限が五条通であったのは、こうした自然条件にもよったのであろう。

この洪水の様相は治水なくしていかに架橋をくりかえしても、むだになるだけだということを示している。吉田兼見の日記だけでも、天正九年五月「川原洪水」で「四条之橋落也」と、また橋は落ちたし、同一一年七月には雨降り続き、「以てのほか洪水、境内所々田地流損す」、同一二年八月は「賀茂川・高野川流出、川原大水なり」と、連年、洪水・橋の流失が続いている。

お土居と並ぶ堤防工事　人間の力示す

信長の後を継いだ豊臣秀吉が治水のため堤防の普請にとりかかるのは、天下一統が完了した天正末年以降であった。天正一九年（一五九一）閏正月には「上山城堤」や「京都南川原」の普請が行われている。この年は京をかこむ「お土居」が造成された年である。「お土居」がなぜつくられたかは依然としてなぞであるが、秀吉の首都構想と切離しては考えられず、首都を自然災害から防衛する意味もあったと思われる。このたびも京郊周辺の村々に普請夫役の負担が命じられたが、吉田郷は兼見の力で負担免除の朱印状を入手、陣取りのため家数の調査にきた前田利家配下の奉行たちにことわりを入れた。「上山城堤」と「京都南川原」は木津川・宇治川と鴨川・桂川の合流点をふくむ下流一帯を指すとみてよい。これより文禄・慶長年間（一五九二〜一六一四）にかけ、この地域の治水工事が連続して遂行された。京都市南部は、当時巨椋《おぐら》池を中心とした大湿地帯であった。東西南北から流れ込む各河川の合流地帯を整備し、排水をコントロールする必要があった。前田利家・毛利輝元・小早川隆景ら諸国の大名衆が動員された。秀吉晩年の伏見築城との関連も大きい。このとき小椋《おぐら》堤・槇島堤が築かれ、宇治橋経由の大和街道は下流の伏見豊後橋に直結するよう改造された（『宇治市史』第二巻）。

関ケ原の戦いが終り、徳川政権が成立してからも、慶長年間はまだ豊臣秀頼が大坂城にいて、公儀権力は完全に統合されていなかった。治水事業は徳川・豊臣の連合公儀ともいうべき態勢で行われた。この時期、連年ひんぱんに水害が起きていた。

吉田兼見の弟で豊国社の別当を務めた梵舜《ぼんしゅん》の日記によると、慶長六年（一六〇一）八月、所領であった富森の在所以下に洪水がさしこみ、淀の大橋が落ちた（『舜旧記』）。このあたり一帯は秀吉の晩年から寛永年間にかけて、いくたびかの大工事で地形が変化しており、このとき落ちた淀大橋がどこか確定はできない。木津川に架けられた橋かと思われる。その後、元和五年（一六一九）に再興されるまで（『舜旧記』）、大橋はなかったかもしれない。

慶長九年正月には富森に所司代板倉勝重と大坂城に詰めていた片桐且元を加え、横大路堤の修築に着手、吉田郷からも人夫が出されている。この二人は徳川と豊臣の対抗関係の決着がつくまでの、過渡期の畿内における公儀を代表していた。同一一年正月には、淀から伏見まで堤を築く工事が進められた。これも片桐且元が出張してきている（『舜旧記』）。この年、富森村は洪水のため「田地不作」と記録された。同一三年四月も大雨・洪水が生じ、五月・六月には「大洪水」になり、八月にも出水があった。『当代記』は「洛中室町に水押し入り、家財浸す」、あるいは「七十年以来比類なき」大水で「洛中へ水入り、人あまた流れ死す」と記している。祇園会の神輿《しんよ》は洪水のため浮橋を渡った。浮橋は船橋ともいい、川中に船を並び浮かべ、その上に板を渡し橋としたもので、京中の材木屋が負担する習いになっていた（コラム③参照）。

しかし、洪水の被害が大きくて工事が遅れ、神事は夜に入ってしまうほどであった。梵舜は八月駿府に家康・秀忠を訪ねたが、駿河国も洪水続きで富士川の船橋が不通であったと記している。この年、洪水のため「当作一円にこれなし、なかなか沙汰に及ばざる次第」と、不作のため、年貢の収納がままならなかった様子が知れる。同一四年八月には、大風雨のため淀堤が切れ、伏見の町が洪水の被害をこうむった。慶長一五年も正月と七月に洪水のため京中に被害があった。そのため、翌年六月、所司代板倉勝重は「山城方々堤普請以下」を命じられ、築堤人足の徴発に奔走していた（『本光国師日記』）。慶長一七年も五・六月の大雨で近年にない出水があり、「洪水もっての外」（『舜旧記』）と記されている。『当代記』によると、「洛中大水、新舟入の屋形・堤以下浸水」とある。「新舟入」は、前年角倉了以によって開発されたばかりの高瀬川をさす。両岸には上りの船を曳《ひ》くための船曳き道ができ、綱曳き人足たちが働いていた。これによって大坂から米・薪などの商品が直接市街の中心部にまで入ってきた。鴨川の風景も大きく変化しようとしていた。

秀吉によって統合された公儀権力は大名の領国単位や、村単位での人夫の大量動員という新しい大規模な労働力編成を可能にし、お土居をはじめ京都南郊湿地帯の防水・治水整備に力を入れた。それは神仏にたよらず、人間の力の偉大さを示すものであったが、秀吉の死と家康への政権移行の過渡期にあって、十分な効果を得るにいたらないまま文禄・慶長期は推移した。『舜旧記』にみえるその後の洪水等の記事をまとめると、表1のようになる。

単純に計算すると、一六年間に一七回「大雨」「大水」「洪水」などが継起していた。平均一年一度になるが、じっさいには二〜三年に一度集中的に起きていた。この中で注意されるのは、元和九年（一六二三）一月と、寛永六年（一六二九）五月の記事である。前者では、「大水により、

表1 『舜旧記』に見えるその後の洪水記録

年月日		記述事項
慶長19(1614)	6・4	夜に入り洪水出る
〃	6・15	大雨、洪水以ての外、堤・田地以下流損
〃	7・5	風雨以ての外、洪水出る
〃	8・5〜7	風雨大降、屋根等破損
20	閏6・26	吉田村田地堤破損、堤を築く
元和4(1618)	5・10〜11	以ての外大洪水、領内河原田地流る
5	5・28	川水出る
〃	12・25	大雪降る、1尺積る
6	2・20	大雨降る、洪水以ての外
〃	5・21〜25	大雨近年の大洪水、賀茂堤切れる、京中町人普請
9	1・16〜20	大水により三条へ越す
〃	1・24〜26	大雨により増水、川の渡なし、土蔵瓦損
寛永3(1626)	閏4・7	大風、木竹悉く折れ、家破る
4	5・4〜6	大水、川の渡なし
6	5・11〜16	鴨川近年の洪水、田地以下末々流る
		洪水により三条橋へ罷出る
7	6・20	大雨降り洪水、京都路次不自由

三条へ越すなり」、後者は、「洪水によって、三条橋へ罷《まかり》出るなり」とある。これは出水によって三条大橋が流失するのをふせぐため、人夫の動員がかけられたことを意味している。しごとは、後代の例からみて、橋脚にからまった木・草・ゴミなどを取りのぞくのが中心だったろう。梵舜と豊国社の地位からみて、命令を発したのは所司代以外にはありえない。三条大橋の防衛が公儀にとって、いかに重要な課題であったかをよく物語っている。三条大橋は神仏ではなく、人間の偉大な力を示すモニュメントでもあった。

寛文新堤に守られた「洛中洛外町続」

京都の市街が水害からほぼ解放されたの

はいつであろうか。それは町《まち》奉行の設置を待たなければならなかった。京都の町《まち》の支配は、信長・秀吉以来所司代の管轄するところであった。家康もこの方針を継承し、板倉勝重・重宗父子、牧野親成のもとで市街地部分と農村部分を分け、前者を中心に都市行政を進めていった。

一七世紀の京都は都市としての発達がいちじるしく、急速な市街化が進行した。当時、都市の街区は町《ちょう》単位で認められたので、都市化した部分を「町続《ちょうつづき》」とよんだ。「町続」は、土居による「洛中」「洛外」の区別を越えて、街区の広がりをみせていた。寛永一一年（一六三四）徳川家光は、かれの最後の上洛時に「洛外町続町」の地子を免許した。すでに秀吉以来、「京中屋地子」は免許されていたので、以後「洛中洛外町続」が上京・下京、本願寺寺内町、諸寺社の門前町などを包括する、京都都市域の概念として通用することとなった。都市化の進行が土居のもっていた人工的な境界性を消失させ、土居の内外によって空間を区分する考え方を消滅させていった。

京都町奉行はこの「洛中洛外町続」と山城国の支配を主として担当する役職である。寛文八年（一六六八）に設置された。たとえば寺社についていえば、これ以後、門跡寺院を除き、すべての寺社が町奉行の支配下におかれた。門前町や寺内町などだけでなく、その領主である寺社も町奉行の管轄下に入った。一七世紀後半は、京都という都市域が成立し、そこを支配する役所として京都町奉行（所）が設置された時期であった。

鴨川新堤の築造は寛文九年七月に始まり、翌一〇年に完了した。新堤は車坂から五条橋まで距離にして四九五六間（約九キロメートル）、秀吉の土居（「古土居」という）の外側（東側）に新しく造成された（「新土居」という）ものであった（「京都役所方覚書」）。このうち大宮の渡《わたり》から禁裏御所周辺（ほぼ現在の今出川通あたり）までの九九八間半（約一・八キロメートル）は公儀普請で負担。東岸は二条から、西岸は荒神口からそれぞれ五条橋までは石垣で、町人役負担の普請（じっさいには銀納）によって行われた。

この前後に残された絵図類をみると、秀吉の築いた土居は二重になった部分や屈曲した部分があり、幅も四間から一〇間を超えるなど、まちまちであったようである。たとえば、鞍馬口の南、荒神口にいたる地区の「古土居」は二つあり、一つは長さ四〇〇間ほど（約七二〇メートル）、他は一九七間ほど（約三五五メートル）、それぞれ幅は四間（七・二メートル）から一一・五間（二〇・七メートル）と記されている。両土居にはさまれた区域、古土居と新土居の中間区域は多く畑で、ここに存在した非人小屋群は整理され、新土居の外側に移転させられた。

三条橋の西岸では、誓願寺・天性寺・本能寺の裏（東側）に古土居があり、その東の高瀬川の両岸に「中島町」があって、もと三条河原の中島の跡を遺している。石垣で築いた新土居はそのさらに東になる（「寛文洛中洛外絵図」）。寛文九年の新土居づくりのさいの絵図によると、五条橋の長さを七二間半（約一三〇・五メートル）としている。これを元禄六年（一六九三）ごろと推定される「京都役所方覚書」の記事と比較すると、こちらは六四間（約一一五メートル）で一五メートルの差が出る（一五八頁の表2）。鴨川の川幅はしだいにせばめられていったといってよい。鴨川は河原をへらし、流水路としての機能を強めたのである。五条橋の規模を見ても、中世、応永一六年（一四〇九）建設の橋は長さ二六〇メートル。これが正しいとすると、宝永八年（一七一一）の五条橋は一一五メートル、およそ半分であった。川幅は明らかに狭まっていた。

この時期、堤防の強化ばかりでなく、洪水のさいの水抜き口（「悪水抜溝」）も石垣で築かれた（『京都町触集成』別巻二―五三八など。以下『町触』別二―五三八と記す）。今出川口に設けられ、上流での洪水を市街に及ぼさないため、機能を発揮した。

橋詰の機能

橋が向こう岸へ渡るための施設だとすると、その両端となる橋詰は、渡って往来する人の必ず通らねばならぬ場所となる。そのため、一般民衆を対象とした公共の空間として利用されることが多くなった。

六条河原の処刑場は五条橋以南、すなわち京都（「洛中洛外町続」）の外側にあって、なまぐさい血の匂う空間として位置づけられた。しかし、処刑の事実を人びとに周知させるためには、三条橋の橋詰へ持ってこざるを得なかった。東海道・東山道へ連なるこの道こそ、もっとも交通量の大きい場所だった。したがって、関ケ原の敗者たちも、大坂夏の陣で捕えられた豊臣秀頼の男子国松も、六条河原で斬られたのち三条橋のたもとに首を晒された。一七世紀後半にもなると戦争はなくなり、市街の拡大にともない、処刑は東は粟田口、西は三条通の土居西へと移ったが、生きている犯人の晒し場としては、依然橋詰や河原が用いられた。

享保五年（一七二〇）山城国千代原村の柏屋庄左衛門は、長崎商売で唐物の沖買（輸入品を長崎入港前に沖で密買すること）をし、大坂で抜買《ぬけがい》（密買）の資金を出したなどの罪で、三条橋の東詰に三日晒《さら》し、粟田口において「鼻そぎ」の刑を受けたうえ、追放に処せられた。これは晒《さら》しの始めだと「諸式留帳」に記されている。そのための道具というべき「矢来《やらい》・よしず」が六条村に下された。ほかにも、三条橋で晒されたのち西土居で斬罪されるなど、例は多い。文政五年（一八二二）の例では、悲田院年寄配下の非人友蔵なる者の死骸が「三条橋詰にて鋸《のこぎりび》引き三日肆《さらし》の上、磔《はりつけ》仰せつけ」られている。主人の妻子に手疵《てきず》を負わせ、自分は自殺したものであった。死骸を鋸引きにかけたのだが、鋸引きは通行人が一度ずつ竹鋸を引いて通る。この場合もそうであったのだろうか。

晒しについて付け加えると、行倒《いきだおれ》人の死骸があった場合、悲田院年寄管理のもと二条河原・丸太町河原に三日間晒した後、届けがなければ指定の墓地に埋めることになっていた（後述）。

三条橋・五条橋の東詰は旅館が集中していたのに対し、三条橋の西詰は高札場でもあった。幕府の高札類がいくつか立てられていた。これは所司代の管轄に属していた。大津・伏見・淀など

図1　東海・東山両道の起点となった三条大橋

への人馬の駄賃、木賃銭などの規定が掲げられた。京都は江戸とともに五十三次の宿《しゅく》の外であったから宿人足はなく、必要なとき代官小堀仁右衛門より出した。この高札は元禄三年（一六九〇）以降、江戸（道中奉行）から徒目付《かちめつけ》が直接持参した。他の高札は、天和二年（一六八二）のきりしたん禁制札、同じく忠孝札・毒薬札などと通称される高札が（正徳元年いずれも改替されたが）掲げられていた。

高札場は大工頭中井主水が設営した。札も中井氏が仕立てた。ここには塗板《ぬりいた》も置かれていた。塗板は漆《うるし》を塗った板で、文字などを書いて、用がすめば拭い消すことができる。伝言板と広報板を兼ねたような設備である。落し物など、その種類・特徴などを書いて広く知らせる役割りを果たした。幕末には、三条橋に橋会所があり、出水のさいなど役人が詰める施設になっていた。橋が流失したとき、船で渡すか、仮橋にするか、その場所はどこか、などすべてこの会所で関係者が協議し、与力の指示によって行動した。夜は宿泊することもできた。

三条橋・五条橋とも京への出入り口であった。橋詰はその機能を直接働かせる場所であった。

戦争の時代には出陣儀礼の場であったが、泰平の世には送迎儀礼の空間として機能した。

もっとも格式の高いのは上使、即ち将軍の使者である。四代家綱以降将軍は上洛せず、勅使が関東に下向して将軍宣下の旨を伝えた。将軍はこれを受け、返礼の使者を禁裏へ送る。溜間《たまりのま》に詰める譜代大名の筆頭井伊家（彦根藩）・松平家（高松藩）などがこの上使を務めた。ほかにも天皇の即位祝賀、禁裏との縁組み、年頭の礼、御所の普請、将軍と世子の官位昇進などに上使が上洛した。前夜大津に泊まると、そこから衣装を整え、隊伍を組み直して入京する。

大津と京都の間は要所々々に所司代と町奉行配下の者が配置され、刻一刻情報を伝えてくる。雑色《ぞうしき》は山科安朱《あんしゅ》村で出迎え、以後京都の旅宿まで鉄棒を持って先払いを務める。町代《ちょうだい》は三条大橋東詰に出迎える。帰途、発駕のさいも同様で、町代は三条橋東詰に送り、雑色は山科安朱村まで見送りと先払いを務めた。所司代・町奉行などの着任・離任の場合も同様であった。

五条橋の東詰では毎年七月と一二月、六条村より雪駄《せった》売りが店を出した。『雍州府志』は「雪踏」と記し、底が革でできているための雪や水を踏んでも濡れないとしている。盆と暮に特産品の商売が認められていたのであろう。

「山川掟」で緑の保全

京都が水害から解放された理由は、堤防の整備によるばかりではなかった。一七世紀後半、幕府の目はさらにその先の山・川に向けられていた。

寛文六年（一六六六）二月、老中連署で出された「諸国山川掟」はその先駆であった。掟は山の緑の保全と河原の開発停止を命じている。即ち、(1)近年、草木の根を掘取るため風雨の節川筋に土砂が流れこみ、水が溢れる。今後は根の掘取りを禁じる。(2)川の両岸に植生の無いところは木苗を植え、土砂が流れ落ちないようにせよ。(3)川筋・河原などに新しく田畑を開発することを禁止する。以上三か条がその内容である。根の掘取りとは松根などの油を採るもので（灯火用）、このころ盛んであったらしい。それを禁じて土砂流出をふせぎ、植林をはかり、川筋・河原における田畑の開墾を禁止した。

一七世紀の一つの面貌は田畑の開発→耕地の急激な拡大であった。「山川掟」はそれとの矛盾をはらみながらも、治山治水の観点から新しい施策としてうち出されたのである。

注意されるのは、老中の発した全国法令であるこの掟書が、三年後の寛文九年九月にまったく同文で京都町奉行雨宮対馬守の名で、「城州宇治川筋・桂川筋・木津川筋・かも川筋・高野川筋・白川筋、右村々庄屋百姓中」に宛て出された点である。京都周辺では、これ以後本格的に治山のための施策が展開する。掟書の奥書には、永井直右・岡部貞正・藤掛永俊三人の「川御普請奉行」が実地見分に出かけると記していて、この仕事に専担の役人（旗本）が任命されたことを明らかにしている。三人はこれよりさき四月、すでに桂川筋・木津川筋・宇治川筋各両岸村々の見分を実施しており（『町触』別二―四六九）、京都町奉行宮崎重成・雨宮正種は幕府代官領・藤堂家（津藩）領・石清水八幡社領などに対し、木津川堤普請に高一〇〇石につき二人の人足を出すよう指示していた（同前四六三～四六五）。この事実は治山治水の事業が公儀の指揮下で、幕領・私領・寺社領を問わず、それぞれの領知を越え、河川流域単位で実施されたことを示している。

六月には、「賀茂川筋小枝《こえだ》橋より上、大原川、鞍馬川、貴布禰《きぶね》川迄の野絵図」作成が沿岸村々に命じられた。川堤より両岸各一〇～一五町（約一・一～一・六五キロメートル）の幅の範囲で、「沼地・荒地・谷・原・芦嶋」を明細に絵図にし、面積や道法、川幅、山崩れの場所など現況を記し、田畠については開発年数を注記するよう求められた。一〇〇間を四分で描くよう指示しており、縮尺一万五千分の一の地図であった。寛文新堤の造成が本格的な調査のうえに、総合的な施策の一環として行われたことがわかる。小枝橋は鳥羽街道が鴨川下流を横切る所にあり、長さ四二間半（七六・五メートル）の大きな橋である。鴨川はこのあと桂川と合流するので、近世では流域の終着点を示す標識構造物としてしばしば登場した。大原川・鞍馬川・貴布禰川は鴨川の上流にあたり、この絵図作成は鴨川の全流域を対象としていたといえる。

領域を越えた土砂留奉行

川筋普請奉行の設置は、国土の自然環境の維持・安定をめざした点で画期的なことであったが、それをさらに一歩進めたのが土砂留《どしゃどめ》奉行《ぶぎょう》の設置と、その事業であった。土砂留奉行とその役人は伊勢津藩をはじめ、大和郡山・同高取・同小泉・山城淀・近江膳所・摂津高槻・河内丹南・同大井・和泉岸和田など、近畿地方の譜代大名家が任命され、幕領・私領にかかわらず、国・郡単位で分担をきめ、一年に二、三回ずつ主要河川の上流域を見分し、植生の状況を調べ、土砂流出をおさえ、砂留めの状態を視察するものである。

貞享元年（一六八四）四月、京都町奉行井上正貞と前田直勝の名で出された触書は、次のように述べている（『町触』別二―六〇三）。

山城・大和・摂津・河内・近江の御料・私領川筋の山々、木草の根掘取り候につき、風雨の時分川筋へ土砂流出し、水行滞り候間、向後木草根掘取り候儀、堅く停止たるべきの旨、このたび仰せ出され候、淀川へ落ち合い候川上左右の山方に木立ちこれなき所は、当年より年々木苗・芝の根・竹・萱・葭など、その所の地心相応の木草植え立てべく候（下略）

（傍点筆者、以下同）

趣旨は寛文の「山川掟書」とまったくおなじ、きわめて明白である。「川筋の山々」の荒れをふせぎ、緑化により治水の効果をもたらすねらいである。とりわけ「淀川へ落ち合」う河川上流に言及している点に注目される。京都周辺では鴨川・桂川・宇治川・木津川が対象になっていた。さらに、その所の「地心相応」の木草を植えよ、と土地の特性に応じた植生の必要を説いている。

「地心」は土中の意であり、土壌の質をさすと考えられるが、「土地のこころ」と読むこともできる。後に述べる「水のこころ」と並べてみると、江戸時代の自然に対する考え方を示しているようにも思われ、興味深い。

触書はこのあと、川筋における焼畑・切畑の禁止、土砂流出地への植林などを規定している。町奉行の発した触であり、山城国内の川筋村々に領知の枠組みを越え回覧させている。以後、毎年これらの村々では土砂留役人の一行が訪れることになった。この政策の難点は普請の負担が当該村々にかかった点にあったといわれる（水本邦彦「土砂留役人と農民」）。周辺農民の負担によって、都市京都の治水が保たれていたことを忘れてはならないだろう。

このころから連年、川浚《さら》いや石垣・蛇籠《じゃかご》の修復整備に意をそそがれるようになった。蛇籠は竹で編んだ網に石をつめたもの。水流の調節、護岸に用いた。

一七世紀後半の三条大橋と五条大橋

江戸時代の京都において、大橋といえば「三条・五条の大はし也」とされた（『京羽二重』）。二つの橋にしぼって見てみよう。

寛文新堤の完成によって五条橋までの鴨川河道は安定した。土砂留など公儀権力の施策も加え、京都の街区はたびかさなる洪水からまずは解放されることになった。洪水で橋が流れることはあっても、堤が決壊することはまれになった。ここに橋のもつ意義も変化が決定的となった。河原が彼岸（あの世）との境界であった時代には、橋は神仏への参詣の道であり、此岸（この世）とのかけ橋であった。祇園社への四条橋、清水寺への五条橋にそのことが象徴されていた。

秀吉による三条大橋（天正一八年竣工）・小橋（天正一九年竣工）の造設は橋の性格を大きく変えた。公儀による「往還人の化度《けど》」、すなわち天下一統のための出陣式の場、東海・東山両道の出入口としての性格は、公儀の威信を示し、人と物資の流通をゆたかにし、人びとの日常生活をささえる動脈を形成する意義を第一にはたした。石柱に基礎を固め、長さ一〇〇メートルをこえる構造橋は、その東詰が「京境」とよばれたように、新しいミヤコのランドマークでもあった。

五条橋も秀吉入京の当初は、所司代前田玄以が勧進僧を支配した清水寺成就院に五条橋造営料を安堵し、橋と清水寺の密接な関係を追認したが、まもなく方広寺大仏殿の創建とともに、五条通が方広寺へのルートとなる六条坊門小路に移されると、五条橋も新しいルートに架け直されることになった。方広寺は刀狩令で没収した武器・武具を納め、近年の研究によると、国家鎮護寺院による豊臣家の先祖供養の寺ともいわれ、豊臣家の菩提寺的性格が強調されている（三鬼清一郎「方広寺大仏殿の造営に関する一考察」）。寺院とはいえ、世俗権力の天下人に奉仕するものであった。しかし、変化はそれにとどまらなかった。『京都坊目誌』は五条橋を「伏見への交通に便せん為なり」と述べている。はじめは大坂城との交通に利用されていたが、秀吉が伏見築城と伏見の町づくりを進めるのと比例して、五条橋は伏見―京都間の幹線道路をささえる役割りを引き受けることとなった。秀吉の晩年、大坂から淀・伏見を経て禁中に参内するルートの不可欠の構成要素ともなった。市街地の鴨川東岸への拡大に及ぼした影響も大きい。

承応三年（一六五四）の「新板平安城東西南北町并洛外之図」（『慶長昭和京都地図集成』）を見ると、上賀茂から小枝橋の間で鴨川に架かる橋は次の一一橋である（カッコ内は現在の橋名）。

上賀茂（御薗橋）　鞍馬口（出雲路橋）　大原口（賀茂大橋）
荒神口（荒神橋）　二条川原（二条橋）　三条大橋
四条橋　五条石橋　七条口（七条橋）
伏見への車道（竹田橋）　鳥羽道（小枝橋）

図2　承応図に見る橋のタイプ

	荒神橋 二条橋
	御薗橋 出雲路橋
	賀茂大橋 七条橋 竹田橋 小枝橋
	四条橋
	三条大橋 五条大橋

江戸時代初期の例であるが、寛保元年（一七四一）「増補再版京大絵図」もおなじ状況で、橋の場所も中期以降ほとんど変化はない。描かれた橋のタイプはおおまかにいって五種（図2）、どういう違いを表現しているかはわからないが、類別されていたものと考えられる。後述のごとく、元禄

以降三条以南七条までの流域が繁昌すると、この間に仏光寺通・松原通のあたりで橋が架けられていた。しかし、橋脚と桁・梁、欄干をもつ構造橋として描かれたのは三条と五条の二橋だけであった。

三条大橋は寛文九年（一六六九）新堤工事と同時に架け直された。奉行は木村惣右衛門・今井七郎兵衛であった。工事にとりかかるに先立って起請文をあげ誓約している。第一に、「万事公儀御為《おため》第一」とし、「後闇《うしろぐら》き儀仕《つかまつ》らず」、念を入れ、費《ついえ》なきよう（部下には）申しつける、依《え》怙贔屓《こひいき》しないなど。第二に、関係諸職人・売人より金・銀・米・銭・衣類・諸道具以下いっさい受用しない（賄賂はとらない）。第三に、公儀の威光を借りた奢《おご》りや不作法な行動はしない、というものであった（「京都町奉行所書札留」、『町触』別一所収）。町奉行など幕府の要職につく場合だれもが提出する誓約文言であるが、三条橋の工事がそれに匹敵する大きな仕事であったことがわかるだろう。木村と今井は代官で、木村は淀川の過書船を河村与惣右衛門と二人で支配していた。今井は堺商人宗久の玄孫にあたる。上方の流通に関係の深い二人の代官が担当したのである。

橋の工事は諸職人への公開入札によって行われた。四月朔日の町触は三条大橋の普請について、次のように述べている（『町触』別二―四六七）。

大工　材木屋　鍛冶屋　石屋　手伝日用（傭）　仮橋　小屋足代損料　諸道具損料　古橋こほち（毀）方　古鉄物買方　小買物　已上

右の通り望みに存じ候者これ有るに於ては、来四日・五日・六日の間、三条橋詰町団王（檀）の寺内へ罷り越し、根帳につけ、入札致し候様に京都町中へ相触れらるべきものなり

これをみると、どんな職種の人びとが工事に参加したか、よくわかる。また、普請中仮橋が架けられていたこと、解体専門業者（古橋こほち方）や古鉄物を扱う業者のいたこと、橋の東詰にある檀王法林寺に普請小屋が設けられ、役人が常駐していたことなどがわかる。ここでそれぞれ台帳（根帳）に名前を登録し、入札をするのである。

橋の構造も堅固なものになった。三条橋と五条橋は、石柱をささえる敷石が河床に張られ、それが崩れないよう、つねに注意されていた。敷石の積み直し工事もしばしば行われた。「三条大橋の上下一町の間にて魚を取り、そのほか何にても洗い物つかまつり候こと、先規より御法度《はっと》」（『町触』別二―四九〇）とされた。修復のさいには、「三条橋下敷石より上一町、下四町の内」と拡大された（同五六七）。五条橋も「五条橋敷石より上下一町のうちにて、石・砂を取り、水をあび、魚を取るまじきこと」（同五六八）と橋下の基盤維持にはきびしい規制がかけられた。「敷石の上にて物を洗う間敷《まじき》こと」という付則は、被差別民の皮漬《かわつけ》洗い場を排除する意味をもっていたのではなかろうか。「洛中洛外図」の中には皮を漬洗いし、乾燥させる人びとを描いたものがある。後述のとおり河原の市街化と川道の整理にともない、七条以南へ移動を余儀なくされた。「敷石の近所に牛馬をつなぎ、ちりあくた（塵芥）捨つべからざること」も同時に触れ出された。

この二つの橋の特別な扱い、すなわち京都町奉行所直轄ともいうべきありようがみられよう。ちなみに、元禄五年（一六九二）新造のさいの費用は、三条大橋が銀四八貫一八七匁二分、金にして八一一両一歩、小橋は銀四貫五九三匁七分六厘八毛、金にして七六両二歩余となっている。落札価格である。

リサイクルされた公儀橋　いろいろな橋

三条大橋・小橋も五条橋も公儀橋であった。公儀は幕府や大名（藩）をさして用いられることばだが、世間や社会の意味でも使用されるように、公共的な側面をも表わしている。江戸幕府もこれを継承した。公儀橋とは建設・維持・修復のいっさいを幕府（京都町奉行所）が管理するものである。元禄七年（一六九四）ごろ、洛中洛外の公儀橋は七二か所（「京都役所方覚書」）、それが享保二年（一七一七）ごろ一〇七か所（『京都御役所向大概覚書』）に増えている。

洛中洛外の公儀橋は量的には直接鴨川と関係しないものが多かった。堀川に架かるもの、千本通や三条通のようなメーンストリートを横切る小川や溝に架かるものが中心であった。牛車を走らせる車道の必要からか、規模は小さいが石橋の多いのが特色であった。もちろん、この牛車は大津からと、伏見・鳥羽から入ってくる、物資運搬にあたる車借《しゃしゃく》仲間の牛車である。江戸後期には、スピードの早さと重量で、暴走による交通事故を起すこともしばしばあった。三条橋や五条橋を架け替え、修復したときに、その古材・古石をこれら小規模ながら数の多い橋造りに利用された。寛文九年（一六六九）に五条橋を架け替えたとき、その古石で粟田口白川石橋・嵯峨道千本通溝石橋・二条城西野道溝石橋・千本通四条上ル石橋が架設された。古材の活用は木材の場合もおなじで、同年千本通四条上る近辺の二か所の木造橋（いずれも長一間×幅一間半）は「三条大橋古木を以て出来」とある。これらの「古木」「古金物」「古石」などは、「木切・こつは《木端》」にいたるまで、解体と同時に入札にかけて売り払われたものである。必要とする業者は現場の普請小屋へ出かけて吟味のうえ札を入れるのである（『町触』一―一八など）。リサイクル活用は行き届いていた。

ちょっと横道にそれるが、堀川に架かる橋も多かった。元禄八年（一六九五）六月、堀川筋一条から本国寺前までの間に、管理形態上五種類の橋があったことがわかる（「町代日記」、『町触』別二所収）。まず、その町ごとに架けた橋。これは高欄のないものが九か所もあったので、このとき高さ一尺五寸ぐらいで高欄をつけるよう指示された。子どもなどが落ちないようにとの配慮であろう。いわば町持ちの橋である。つぎに、大名屋敷の支配下にある橋。大名の京屋敷に連なる橋。これについては、町奉行としては介入しない（高欄をつけようとつけまいと構いなし）。三つ目に、車屋中より架けた橋。車借仲間がもったものであろう。これも当面そのままでよい。四つ、本国寺が架けた橋。本国寺は西本願寺の北側に広大な敷地をもち、周囲を堀で囲んでいたか

表2　京都周辺の主な公儀橋

橋名	架橋年月	長さ	幅	備考
		間 尺 寸	間 尺 寸	
1 三条大橋	元禄5(1692).8	57・4・5	3・5・5	宝永8(1711)修
2 三条小橋	同　上　.10	4・3・9	3・5・5	同　上
3 五条橋	貞享5(1688)	64・0・0	4・0・8	同　上
4 大和大路橋	4(1687)	8・半	3・半	元禄15(1702)修
5 小枝橋	天和2(1682)	42・半	3・0・2	7(1694)架
6 上鳥羽中橋	同　上	3・5・0	丈 1・2・5	10(1697)架
7 上鳥羽五丁ケ橋	同　上	5・半	丈 1・2・5	同　上
8 粟田口白川石橋	寛文9(1669)	6・4・0	間 3・5・0	
9 伏見豊後橋	元禄6(1693)修	103・4・0	4・0・0	
10 淀大橋	5(1692)	137・0・0	4・0・2	正徳2(1712)修
11 淀小橋	6(1693)修	70・3・0	3・5・5	宝永5(1708)修
12 淀孫橋	宝永5(1708)修	19・5	3・3・2・5 分	正徳5(1715)修
13 宇治橋	貞享5(1688)修	83・4・6	4・1・5	3(1713)修

注1：「京都役所方覚書」による。備考欄は『京都御役所向大概覚書』による。
　2：修は修復、架は架替。架橋年月欄は、断らない限り、すべて架替。

ら、橋も多かったとみられる。これも当分そのまま。五つ目が公儀橋である。いろいろな橋があって、町奉行所の対応もそれぞれの性格に見合ったものであった。

こうした市中の石橋・小橋を除き、鴨川を中心におもな公儀橋を表2に掲げた。市内では、大橋の名にふさわしく、三条橋と五条橋が群を抜いた規模であったことがわかる。大和大路橋は大和橋ともいい、白川が四条のすこし北で鴨川に合流する所の手前で大和大路を横断するところに架かる。ここでは公儀橋となっているが、正徳三年（一七一三）祇園社中がこの地域の新地開発を願ったさい、その許可とだきあわせで橋の「修復・掛直シ共」永代社中が負担するよう命じられた。当然、公儀橋ではなくなった。

民間払い下げともいえるこの種の例はほかにもある。堀川大炊橋は元禄一四年（一七〇一）洪水で流失したあと、近くの橋を移して架け直した。幕府大工頭の中井源八郎が見分し、その費用を「車方之者」に渡し、以後、架け直しも修繕も公儀の構いなく、「車年寄共自分として」行うよう申渡している。理由はわからないが、受益者負担の例かと思われる。また、千本通に架かる六条橋など五か所の橋については、朱雀《すじゃく》村（葛野《かどの》郡）が相撲興行を願い出、その収入をもって石橋に架け替え、以後永久に架け替え・修復とも朱雀村が行うこととなった。相撲興行は二年間認められている。千本通八条上る橋以下四か所の橋についても、西八条村（葛野郡）の二年間の相撲興行により架け替えがなされ、以後、橋の修復・架け替えとも西八条村が負担することとなった。同様の例は寺戸村（乙訓郡）と寺戸唐橋、下久世村（同郡）と下久世直違《ねちがい》橋との関係にも認めることができる。

威信かけた朝鮮使節の応接

江戸時代、外国人との接触の機会は限られていたが、その数すくないなかでもっとも華やかであったのは朝鮮からの通信使一行であった。将軍の代替りごとに祝賀の国書をたずさえて、使節が来日した。幕府としてはヨーロッパのオランダ商館長と並んで、アジアの隣国と正常な関係をたもち、将軍権力が国際的に認知されている印象を人びとに感得させる重要なイベントであった。

使節来日がきまると、町奉行は触を連発して応接の準備をする。まず、宿舎の割りあて。きまるとその修復入札、畳・薄縁《うすべり》以下、賄い、その他各種の人足・馬方、見物や警固対策のための矢《や》来《らい》・小屋番所、饗宴に用いる食器など、一切合財《いっさいがっさい》が入札で調達された（使節が帰国すると送迎に用いた道具類は再び入札にかけられ売払われた）。三条橋以下の橋も例外でなく、使節の通路にあたった橋はすべて修復もしくは新営された。

表2の備考欄に示した修復の時点のうち、三条大橋・小橋と五条橋の宝永八年（正徳元＝一七一一）の修復は朝鮮使節来聘に対応したものであった。小枝橋・上鳥羽中橋・同五丁ケ橋の天和二年（一六八二）架け替えも、同年の使節来日に合わせたものであった。使節は大坂から船で淀川をさかのぼり、淀から伏見城を右に見ながら鳥羽道を通って、京都に入る。享保四年（一七一九）の使節随員申維翰は上鳥羽の実相寺に泊っている。日蓮宗の寺で朝鮮使節の休息所にあてられた所である。翌日、三条橋についてつぎのように記した（『海游録』）。

三条橋をわたる。橋の長さ百余歩、高さ十丈ばかり。左右に欄干があり、欄柱はすべて銅鉄をかぶせ、はなはだ壮である。

「壮」は大きくて、さかんなありさまをいう。幕府の威信は保たれたといえよう。

町奉行の規制は微に入り細をうがっていた。それは使節通行を見る人びとの行動にまでおよんだ。正徳元年（一七一一）の例では、入京二日前から洛中洛外の町は自身番を置き、道筋を掃除し、通行が近づくと散水する。通行中は貴賤によらず急用のある人以外は往来を停止した。店先や二階で見物してもよいが、「作法能《よ》く、高声・高笑・ゆひ（指）さしなど仕《つかまつ》らず、物静かに」、「行《ぎょ》儀《うぎ》能《ょ》く」見物せよ、というのが原則であった（『町触』一―六〇八）。橋や通り筋で見通しのよい場所に「見苦敷《みぐるしき》」物を置くことは禁じられ、川岸や橋詰に積んである竹・木を積み直すよう求めている。「高瀬川三条小橋見通し、左右は舟退《の》け申すべきこと」というのは、高瀬船が見ぐるしいとみられたのであろうか。小橋の上流・下流とも、船が錯綜していた様子がうかがわれる。

　面白いのは、橋下の川中で見物する人びとがいたことである。

> 朝鮮人参向・帰国共通り候《そうろう》節、三条大橋・小橋、五条橋、そのほか白川橋、堀川橋など、橋下川中より見物いたし候儀、堅く仕るまじく候、かつ又、右所々川近所の町人罷《まか》り出、川中へ見物人立ち申さず候よう、申し聞かさるべきこと　（『町触』一―一〇〇二）

かつて処刑の場であった河原は消滅し、朝鮮使節を迎える人びとが川中に集まって見物しようとしていた。奉行にとっては、それは指定席以外の場所であり、好ましいとは思えなかったのであろう。使節が入洛すると、各町内では昼夜の自身番を置き、火の用心、道路の清掃が義務づけられ、私的な売買も禁止、使節通行のさいは下馬《げば》・下座《げざ》するなど、きびしい規制が課せられている。川中での見物は不作法・無秩序の象徴として嫌われたのであろう。

使節入洛時だけでなく、この時期、鴨川は河原と両岸を含め、ぜんたいとして整頓された空間、「行儀能《よ》」き空間に変貌をとげつつあった。寛文（一六六一―七二）以降、正徳・享保（一七一一―三五）期にかけ、二条～七条間の「新地」開発が進んだ（日向進「近世京都における新地開発」）。その最初の動きが「四条河原芝居町」の形成であった。寛文新堤の完成にともない、芝居小屋は鴨川東岸に移され、見世物小屋は西岸に分かれ、定着させられた（守屋毅「四条河原芝居町の完成」）。東岸の一区画を「四条河原芝居町」と呼び、四条通をはさんで北に二軒、南に三軒、大和大路上るに一軒と、合計六軒の芝居小屋が整然と立ち並んだ。かつて河原で行われていた興行は、遊女歌舞伎や若衆歌舞伎、また数多くの見世物が示していたように、混沌とした猥雑さを含み、それが人びとを惹きつける作用をもたらした。いまは常設の芝居小屋・見世物小屋の整頓された区画の中で、公許の芝居主（興行元）に率いられた芸団が上演するかたちに変った。それはあたかも鴨川の水流が土居や蛇籠によってコントロールされたのに似ていた。作りだされた「新地」の空間は小屋内部の熱狂はあっても、外部に顕われることは避けられ、河原に比すればはるかに「行儀能」き空間になっていた。

貞享三年（一六八六）「新撰増補京大絵図」（前掲『慶長昭和京都地図集成』所収）には、この「新地」「新屋敷」の部分に刻まれた注釈が認められる。すなわち、「此所板倉内膳正殿御在京之時出来」の文字が二条～三条間、三条～四条間、四条～五条間のいずれも東岸に記されている。板倉内膳正、名は重矩《しげのり》、京都町奉行設置時期の老中であったが、過渡的に所司代を兼ね、京都行政の枠づくりに参加した。所司代の板倉といえば勝重・重宗父子が有名であるが、重矩も忘れることはできない。勝重の三男の子だから孫である。重宗には甥にあたる。かれの仕事として記憶されているのは、この新堤・新地造成のほか、祇園・八坂・清水・北野の四か所の茶屋に、茶立女以外に遊女を置くことを禁じ、餌指《えさし》に小鳥札を発行して規制・統轄し、馬借・継飛脚を保護して交通システムの維持をはかったなどである（『京都御役所向大概覚書』）。ほかに、かれの在任中に行われたこととして、被差別部落の「洛中洛外町続」からの排除がある（朝尾直弘「『洛中洛外町続』の成立」）。また、非人についても、路上の物乞いは許したが、町中の屋敷内に入ることは禁止された。

重矩は「学文《がくもん》」を重んじた人で、嗣子重道に与えた遺書に「今時は座頭《ざとう》・猿楽《さるがく》をあつめて、とほうもなき沙汰、我身になきほまれをよろこぶ人多し。人にさまざまの生付《うまれつき》有り。それぞれに見積り遣わすべし」とある（「板倉重矩遺書」）。その考え方は、身分の存在を前提とし、分に応じた存在意義（アイデンティティ）を認めるものである。「新地」に各種の芸能者を集中し、芝居小屋・茶屋を立て、市中の住民と隔離しつつ小屋内部での活動を認める手法は、遺書の思想を町づくりに具体化したものといえよう。「洛中洛外町続」の身分制的再編が都市空間の中に、一種の街区計画として出現したのである。

元禄期の鴨川　塵捨場の設置

「新地」の開発は三条～四条間を筆頭に、二条～三条間、四条～五条間においても急速に進行し、やがてはこれまで手つかずの五条～七条間へと展開してゆく。この大きなうねりをささえた思想も「行儀能《よ》」き身分制的空間の創出であった。それと並行して進められたのが鴨川の世俗的な浄化であり、塵芥《じんかい》処理の整備である。

寛文一三年（一六七三）八月の町触は高瀬川筋に「ちり・あくた」を少しでも捨てることを禁じた。御用材木の運送に障害となるとの理由で、触は二条から五条の間の町内に伝達された（『町触』別二―五二五）。これにはゴミを「他所より捨てに参り申」す者たちがいたこと、もよりの町中としてそれらを吟味すべきことが指示されていた。目的が御用材木であることからもわかるように、公儀用途に奉仕するための処置であった。

鴨川浄化の第二の時期は元禄期（一六八八―一七〇三）をまたねばならない。市内では堀川の塵芥が問題になっていた。貞享四年（一六八七）の町触はいう（『町触』別二―六三二）。「堀川筋上より下までの間、あくた（芥）を猥《みだ》りに捨て申し候儀、先規より御法度《はっと》の所に、頃日（近頃）殊のほかあくた捨て申し候ゆえ、川筋むさく候間、堀川筋支配の町代方より町々年寄へ急度《きっと》申し渡し、以来（以後）ちりあくた一切捨て申さざるように仕るべきこと（下略）」。傍点の部分が示すように、目的は清潔・整頓にあった。省略した条項には、川端に置かれた商品などを取り除き、「往来の妨げにならざるよう」にすることが求められていた。堀川流域は当時鴨川・高瀬川流域と並んで都市化の激しかった区域である。公儀権力というよりは、都市住民の社会的・公共的な立場から塵芥対策がとられようとしていた。

元禄八年（一六九五）九月、奉行所は次の七か所を塵捨場に指定し、以後の鴨川筋・堀川筋における塵芥投棄を禁止した（『町触』一―一〇二・一〇三、『京都の歴史』5）。

(1)室町頭小山口明地
(2)今出川口川東長徳寺北川端
(3)二条口川東頂妙寺北川端
(4)七条出屋敷木津屋橋東少将藪内
(5)同所木津屋橋西祐光寺藪内
(6)三条通西土手東際
(7)聚楽天秤堀之西新町東裏

いずれも当時の都市域のはずれにあたる地区であり、膨張する都市的発展に対応した施策であった。市中の清潔さを保つために、ゴミはその外郭へ排斥されたともいえる。

右の塵捨場のうち、鴨川に直接関係するところは(2)・(3)の二か所であるが、六月、これに先立つ調査において、奉行所は鴨川筋の全般にわたって塵芥処理の実状を調べている。

三条橋下手東西へちり捨て候町々
四条下ル処へ捨て候町々
二条より上塵捨て候町

（中略）

三条・四条・二条より上、塵捨て申し候事、何方《いずかた》より捨て申し候哉《や》
右の通り、川筋支配方より承り届け、早々御返事申し上ぐべき旨

（中略）

右三条・四条・二条塵捨て候所々、このたび御停《と》めなされ候はば、迷惑仕るべく候や、これも承り合い申すべきこと

（元禄八年「町代日記」、『町触』別二所収）

鴨川筋以外の部分は省略した。これによると、塵捨場の利用は町ごとにある程度きまっていた。鞍馬口から松原通にかけての鴨川筋に、従来一〇か所ばかり塵捨禁止の高札があった。それが名ばかりになっていた。一方で、それを停止したら人びとが迷惑するかどうかに気をつかっている。奉行所は町代を通じ町々の実態を把握しようとしている。川筋支配方を含め、関係機関を動員してこの課題解決に努めている。塵捨場の候補地となる場所の吟味も行った。余談ながら、通常触

書は上からの伝達、命令・禁止の規範であり、道徳・倫理の教諭・教戒的性格が強いといわれているが、このように詳細で念入りな調査があらかじめなされ、民意吸収のルートが包含されていることは、江戸時代を考えるさいに見のがすことのできない点である。

ともあれ、塵捨場の設置は鴨川浄化への重要なステップであった。

河原の最終的消滅　意識の中世からの脱却

鴨川浄化のつぎのステップは、元禄一二年（一六九九）の無縁墓地の設定であった（『町触』一―二〇六）。

洛外五か所無縁墓地のこと

一七条高瀬川の側に壱か所　字白蓮寺

一清水境内成就院支配所壱か所　字南無地蔵

一真如堂山壱か所　字中山

一西の藪土居外三条ヲ上ル所　山之内村・西院村両村の無縁墓地壱か所

一同西之京領下立売通紙屋川の側壱か所　字宿寺

右の墓地、古来より除地にてこれあり

外に

三条通土居の内塵捨場に壱か所これあり、是は向後相止め、支配致し来り候おん《(隠)》坊作場に申しつく
右の通り元禄十二卯四月申しつく、洛中洛外に於て無縁の者・非人等行倒れ候へば、高野川原、賀茂川筋埋め置き、不埒につき、向後無縁の倒れ者等、右五か所の墓所へ取り片づけ候様に、悲田院年寄どもに申しつけ、墓所支配々々へも申しつけ置き候

設定された五か所の無縁墓地はいずれも由緒のある場所であるが、いまはふれない（詳しくは、細川涼一編『三昧聖の研究』を参照）。ここで確認しておきたいのは傍点を付した後半部分である。「無縁の者」「非人」等が行き倒れたとき、死体を「高野川原」「賀茂川筋」に埋め置く行為が、この元禄後半期にもなお行われていた事実である。触はその行為を禁止し、非人集団の長（悲田院年寄）をして、指定の無縁墓地に葬らせている。河原は性格を変え、消滅の方向に向かっていたにもかかわらず、人びとの河原に対する意識はすぐには変革されなかった。

無縁の者、非人、行き倒れなどの処理は、以後、前述のごとく、じっさいに悲田院年寄の管轄下、死体を公開の目的で二条河原または丸太町河原に晒し、身元引受けを申し出る者がいない場合は、定められた無縁墓地に埋葬されることになった。おなじく河原に晒すといった厳しい行為であっても、本人の身元確認を目的とするのと処刑とでは、天地ほどの相違があった。

塵捨場と無縁墓地の指定は、人びとの意識のなかに棲む鴨川と河原の中世的イメージを一掃す

る効果をもたらすものであった。

五条橋以南七条までの鴨川両岸における都市開発は、正徳・享保期（一七一一―三五）に進められた。寛文新堤造成のために作られた絵図には、五条橋以南は川幅が広がり、川筋は二つ、三つに分かれ、東九条村までの空間は大半が田・畑であった。宝永六年（一七〇九）の「新板増補京絵図」には、五条橋の南に「ゑた村」を記し、その南の「六条がわら」に「新地　宝永四年より四ツ」と注記している。宝永四年から「新地」となり、町が四つできたというのである。新地開発に六条村が呑みこまれようとしている状況が読みとれる。六条村は秀吉の段階に一度、寛文期に二度目の経験を経て、三度目の移転（市中からの排除）を余儀なくされることになった（「諸式留帳」）。

正徳二年（一七一二）六条村の住居と、天部村の畑地の七条河原旧銭座跡地への移転が決定されている。銭座跡地は宝永大銭など銅銭を鋳造した場所で、鋳造の副産物である鉱滓や鋳型の破片などを含む土質の悪い低湿地であった。この一帯の領主は妙法院門跡であり、境内八一町のうち三六町は幕府（奉行所）の支配に属しながら、年貢は門跡に納めるなど、複雑な支配関係にあった。また、隣接の建仁寺などとの領有関係も錯綜していた。奉行所はその整理を交渉により進めた。即ち、土居の改修と高瀬川の流路変更工事を行い、住民の要求をいれて土盛り工事をし、約六〇〇〇坪の区画を用意し、六条村の移転を実行した。妙法院門跡はこれに協力し、鴨川の七条の南に皮漬《かわつけ》洗い場を設け、約五〇〇坪の皮張り場を貸付け、住居の移転料等を負担した（『妙法院日次記』第三・第四）。洗い場は、もと三条橋の下（南）にあり、それが松原通の下（南）に移され、さらに七条の下（南）へと三度移転を余儀なくされたのであった。

この段階で近世京都の市街地（「洛中洛外町続」）の拡大と身分制的編成の動きはほぼ停止した。七条通以北の鴨川西岸は五条通まですべて「新地」として開発された。東岸も妙法院を中心に町並みが形成された。七条河原には以前から中島をはさんで、二つの流れに対応した二つの橋があったが、この開発によって一本化し、「七条はし」となった。五条以南では、他に正面通の仮橋が恒常的に架かっていた。

「水心存じたる」六条村の役割

六条村は差別された村として、新たに高瀬川に囲われるかたちで隔離された。移転当時、三方は川、東の一方に出入口があるだけで不自由であったため、七条通へ出る道をつけてほしいと願っている。鴨川との関係は、ふだんは近づかないよう排除され、なにか事故が起きたときは深く関与することも求められた。まことに勝手きわまる不当な扱いを受けていた。

元禄三年（一六九〇）四月、五条橋架け替え工事が進められていたさい、奉行所は六条村年寄を呼びだし、村の者たちが普請の場所へ「むざと立ち寄り、さまたげ仕《つかまつ》らざる様」命じている

（「諸式留帳」）。工事の邪魔だというのである。

ところが、正徳二年（一七一二）八月鴨川に大水が出、五条橋の尺杭《しゃくくい》が流れそうになった。奉行所からは川方役人の与力以下出動し防衛に努めたが、六条村年寄に命じ、尺杭が流れ落ちないよう縄をかけ、橋桁に流れかかった物を取りのぞくよう、「水こころ能く存じ候人足ども、召し連れまいるべし」と動員をかけた。

この例は珍しいものではなく、六条村の記録「諸式留帳」に何度か出てくる。享保一三年（一七二八）八月には、三条橋修復中仮橋を架けてあったところへ大雨が続き、「ごもく（塵芥）」が多量に仮橋に集中した。奉行所では先の例と同様、六条村年寄につぎのごとく申し付けた。

高水にてこれあり候故、万一夜の内、かり《(仮)》橋へごもく流れ懸り、橋杭掘れ、自然流れ申す儀も心得難く候間、右かり橋の東西橋詰に村々より水こゝろよく存じおり候者ども、さし置き申すべく候

指示を受けた年寄は、ただちに六条・天部・川崎・蓮台野村から各三人、計一二人の人足を送り出した。

この「水こゝろよく存じおり候者ども」とはいかなる人びとであるか。中世以来、河原の住人であった「河原者」のなかに、なにか治水の技術ないしは呪術にすぐれた者がいたのではないか。そう考えると、中世五条橋の中島にあった法城寺大黒堂と声聞師《しょうもんじ》の集団のことが思い起される

(本書一一五頁参照、川嶋將生「法城寺と五条橋」、瀬田勝哉「失われた五条橋中島」)。豊臣秀吉が陰陽師を尾張の開発に送りこみ、失敗したとして処刑した事実もある(三鬼清一郎「普請と作事」)。その系統の技術・呪術を伝えた集団が近世にも存在したのではないかと思われる。

水の気持ちを理解し、心得て、処理することのできる人、というニュアンスは、水とたたかうよりは家畜のように馴化する色合いが濃い。先に掲げた「地心」に見合った植生をめざすのと共通する面があるのではなかろうか。

鴨川は堀川とともに、古来人工の力により馴化をくりかえしてきた自然であるといえるように思う。

幕末の橋　荒神橋の経営と新設

橋の日常についてふれておこう。こんにちの荒神橋は荒神口橋とよばれていた。もとはここも荒神河原であって、近衛大路の東端にあったため近衛河原、藤原道長が建立した法成寺の東にあったので法成寺河原ともよばれていた。関ケ原の戦いの年に清荒神が近くに移ってきて、荒神河原に変ったという。古い歴史をもつ場所であり、京都七口の一つであった。吉田村・黒谷、あるいは現在の京都大学キャンパスを斜めに横切って、山中越えで志賀へ出る道でもあった。

江戸時代は簡単な橋があったようで(前掲図2)、これを「仮橋」と称していた。安政五年(一八五八）六月、日米修交通商条約の調印をめぐる政争のなか、朝廷が伊勢神宮へ奉幣使を発遣することになり、勅使徳大寺公純らはあらかじめ吉田神社に参詣した後、出発しようとした。御所の清和院門口から寺町通荒神口をへて吉田社へ向かおうとしたのである。ところが、先日来の出水で仮橋は流失していた。よく調べてみると、この橋はふだん荒神口の「手伝い働き」三文字屋与兵衛なる者が、どこへも届けず、自力で架け、通行人から銭を取っていた。町も村もかかわりをもっていなかった。これまではこのような「高貴方」の通行にさいしては、あらかじめ通知し、本人に賃銭を払ったうえで架けさせていたことがわかった。今回は急なことであり、奉行所は町代・雑色にこの件の処理を命じた。町代・雑色はそれぞれ川西荒神口町々と川東の吉田村並びに三文字屋与兵衛に対し、このことを申渡し、奉行所からは与力・同心も出動して徹夜で架橋した。勅使は翌日この仮橋を渡り、無事伊勢へ参向することができた（「京都雑色記録」）。

このエピソードは、公儀橋以外の一般の橋の経営についての情報を知らせてくれる。「手伝い働き」というと、フリーターのような印象を与えるが、そうではなく、別の記録には与兵衛は「手伝方《てつだいかた》」とあって、洪水対策に人足を引連れて参加しており、日雇いや人足を供給する親方のような人物であった。かれはおそらく配下の人足を使って流失した仮橋を架け、通行料を取って暮している。事実上の橋の経営者である。こういう橋を当時一般に「銭取橋《ぜにとりばし》」といった。他方、両岸を結ぶ橋の本性から、公的には両岸の町と村がいわば受益者の立場からする義務と権利をもたされており、いざというときには労働力の提供など、その責任を果たさなければならなかった。荒神橋はその後慶応二年（一八六六）新造され、面目を一新した。造営したのは本願寺（西）であった。

幕末維新の政争の渦中において、本願寺は朝廷側に立ったとみられている。元治元年（一八六四）禁門の変では敗走する長州兵を本山にかくまい、逃亡させたこともあった。このため、新撰組が境内に屯所を置いた話はよく知られている。

その後、天皇の川東への避難にそなえて、本願寺は荒神口橋の架橋を出願した。願書には、鴨川の三条大橋より北はすべて「仮橋」ばかりで、出水のとき往来にさしつかえ、非常のさいにも混雑し、「諸人迷惑」していると実情が明らかにされている。洛東には勤王の諸藩邸も置かれ、天皇が避難されることもあると思われるのに、このありさまは「不便利」である、というのが架橋により勤王を果たそうとする本願寺の理由づけである。本願寺は、ここに「三条・五条かつは近来新造の四条橋の准拠をもって（基準として）、相応の大橋」を架けると主張した。江戸時代を通じ鴨川の構造橋は三条橋と五条橋だけであった事実を裏づけている。四条橋がここに出てくるが、後述するように、これは安政四年にできたばかりのものであった。

慶応元年閏五月出願、許可、六月着工、同三年一〇月に竣工した。資金は募集により、広如門主は金一〇〇〇両を醵出した。総経費は金五万両といわれ、橋の名は天皇の行幸を予想して「御幸橋」とつけられた（『本願寺史』第三巻）。工事のための「砂持ち運び」には本願寺寺内町から出たが、それだけでは人数に限りあり、二条より下（南）の町内からも「勝手次第」出てよいこととなった（『町触』別二—補一四〇三）。奉行所の触は「町々のうち、難渋者また差しつかえこれある町分は、罷り出候に及ばず」と、無理をせぬよう指示していた。かなりの人びとが参加したようで、まもなく出勤停止の触が出された。

橋が完成すると、擬宝珠につぎの銘が刻まれた。「加茂三条の北に巨梁（大きな橋）無く、勅を奉《うけたまわ》りて、本願寺前《さきの》大僧正光沢（広如）、新たにこれを架するものなり」。下間《しもつま》大蔵卿頼恭・島田陸奥守正辰・島田右兵衛尉正直の三人の奉行の名も刻まれている。

四条橋は町衆の橋

幕末に四条橋が三条橋・五条橋に続く第三の構造橋となったことに触れたので、それについて述べよう。

四条橋も江戸時代を通じずっと「仮橋」であった。円山応挙の「四条河原夕涼み図」を見ても、そのことはよくわかる。四条橋の歴史は祇園会と結びついていた。神輿の渡御、神輿洗いの儀式は祇園会の重要な行事であった。四条橋なしには祭礼はありえなかったといってもよかった。

では、四条橋が流失したときはどうか。文政一二年（一八二九）にその例がある。六月一四日祭礼は朝夕とも無事にすんだが、一二日夜の降雨で洪水となり、浮橋を架けることもできなくなった。浮橋は船橋ともいい、船を並べ、その上に板を渡して橋としたもの。流れが強かったのであろう。帰れなくなった神輿《しんよ》はやむなく三条橋を廻って帰社した。その間、西奉行所の目付方に許可を得ている。このとき奉行所から渡された返書には、出水による道筋変更の先例は文化四年（一八〇七）六月七日で、三条廻りであったと記載されていた（「京都雑色記録」）。

これが契機となったかどうか。前述のとおり、安政四年（一八五七）四月構造橋としての四条橋が新造された。費用は祇園新地と市中の祇園社氏子町々が負担した。祇園会が町衆の祭りであったとすれば、四条橋は町衆の橋として近代を迎えようとしたといえよう。東西の川方役人や担当の雑色が連日出役し、かかりの西奉行も一日置きに見廻るなど、公儀も力を入れた。前年の一二月工事にとりかかり、四月二七日大間《おおま》渡り式が行われている。

大間とは橋の中央部にあって、船が通るためにとくに橋柱と橋柱の間を広くあけている部分をいう。大間渡り式については、当時も珍しかったらしく、雑色小島氏は日記につぎのように記録している（「京都雑色記録」）。

大間渡りと申すは、橋真中の欄干《らんかん》両方とも、上の方の木弐間ばかりの材木を弐本、祇園社へ持ち参り、同社において祈禱いたし、その上右材木を手伝いどもユリ持ちいたし、新造の橋へ持ち参り、棟梁の式これあり、打渡し候よし、右にて橋皆出来のよし、棟上げ同様のよし、

蒔き餅これあり、西御奉行も御越しこれあり候こと

大間にあたる部分の欄干を祇園社へはこび、祈禱を受け、人足たちが神輿《しんよ》のように揺《ゆ》り上げたのち、しかるべき所にはめこむ。家を建てるときの棟上げ式と同様なもの、といっている。餅まきもあり、西町奉行も出席し、にぎにぎしかった様子がしのばれる。

信仰において中世の伝統をうけながら、町衆の費用負担で新営された四条橋はその規模を三条橋・五条橋ときそいつつ、新しい時代をそれにふさわしいかたちで迎えることになった。

〔参考文献〕

「諸式留帳」(『日本庶民生活史料集成』第一四巻、三一書房、一九七一年)
「京都役所方覚書」(『京都町触集成』別巻一、岩波書店、一九八八年)
『京都町触集成』第一～第一三・別巻一・二(岩波書店、一九八三～八九年)
水本邦彦「土砂留役人と農民」(『近世の村社会と国家』、東京大学出版会、一九八七年)
三鬼清一郎「方広寺大仏殿の造営に関する一考察」(『中世・近世の国家と社会』、東京大学出版会、一九八六年)
同「普請と作事」(『日本の社会史』第八巻、岩波書店、一九八七年)
『慶長昭和京都地図集成』(柏書房、一九九四年)
申維翰『海游録』(平凡社、東洋文庫、一九七四年)
守屋毅「四条河原芝居町の完成」(『近世芸能興行史の研究』、弘文堂、一九八五年)
『京都御役所向大概覚書』(清文堂、一九七三年)

「板倉重矩遺書」（日本思想体系『近世武家思想』、岩波書店、一九七四年）
朝尾直弘「『洛中洛外町続』の成立」（『京都町触の研究』、岩波書店、一九九六年）
『妙法院日次記』第三・第四（続群書類従完成会）
細川涼一編『三昧聖の研究』（碩文社、二〇〇一年）
川嶋将生「法城寺と五条橋」（『中世京都文化の周縁』、思文閣出版、一九九二年）
瀬田勝哉「失われた五条橋中島」（『洛中洛外の群像』、平凡社、一九九四年）
日向進「近世京都における新地開発」（『京都市歴史資料館紀要』四、一九八七年）
〔挿図〕
図1　五十三次名所図会（広重画、一八九一年）
図2　筆者作成

四条河原の芝居

林　久美子

祝祭空間

京も江戸も大坂も、近世の芝居町は川と橋のある水際に形成され、風景として一体化していた。服部幸雄氏は、「川・船・橋と芝居町（祝祭空間）との間には、切り離すことのできない紐帯があったように思われる」と、芝居小屋の位置・環境と変遷を、祝祭空間としての意義や性格を考える前提としてとらえられた（『大いなる小屋』）。「江戸名所図屛風」は、海と川で区切られた中橋辺りの一大祝祭空間を描き出し、芝居小屋の通りへの入口には橋が描かれている。道頓堀に並んだ芝居小屋も、戎《えびす》橋や太左衛門橋・相合橋を渡り、あるいは船で茶屋に乗り込む場所であった。川（堀）を漕ぎ、橋を渡ることで境界を超える、すなわち悪所へ移動するという仕掛けは、為政者の分断政策であるが、観客にとっては、別世界へ飛翔するという期待をふくらませることのできる装置でもあった。

現在では南座のみが跡をとどめる四条河原の芝居も、もちろん鴨川と橋という景観とともに発展した。今日までの長い歩みをたどれば、それぞれの時代にいくつかの転換期があり、盛衰の歴史があるのだが、その推移を的確に捉えることは浅学の身の及ぶところではないので、ここでは先学諸賢の研究によりつつ、上方歌舞伎の第一次完成期である元禄頃までの様相を略述する。そして、芝居の興行と四条河原という場所との関係についていくらかの具体性をもたせるために、浄瑠璃の二座をとりあげることとする。

興行地四条河原の形成

いつ頃から、四条河原が芸能の場になったのかは定かでないが、中世の興行としてすぐに思い起こされるのは貞和五年（一三四九）の田楽の桟敷崩れ事件であろう。多数の死傷者をだしたこの興行は、『太平記』巻二七「雲景未来記の事」が、前代未聞の惨事として記し、その原因を天狗の所為ばかりではなく、世捨て人が興行し、地下人《じげにん》が見物する芸能の場に二条良基ら貴人が同席するのを八幡・春日・山王が怒り給うたことによるとしている。この興行は架橋を目的とする勧進興行であった。田楽は足利義持の好尚にかない、権力者たちが愛好した。小笠原恭子氏は、義持時代、田楽の常の興行地は大炊御門《おおいごもん》河原であり、四条河原は格の低い興行地であったとする

(「中世京洛における勧進興行——室町期」)。この時期、猿楽の河原での勧進は、応永一九年(一四一二)五月二六日から三日間行われた十二五郎が知られるのみである(『山科家礼記』)。義教時代になると、永享五年(一四三三)の糺《ただす》河原の勧進猿楽を皮切りに、音阿弥の猿楽へと移る。

応永から大乱までの勧進興行の地について、小笠原氏は、河原、洛外の神社、勧進聖《かんじんひじり》の拠地の寺堂、祇園・稲荷二大社の御旅所、街道口をあげている。これらの場所はすべて公界であり、冥府との接点、鎮魂の地である。そのうち河原は、古代より祓い清めの場であった。鴨川の河原は桂川とともに、九世紀には葬地として悲田院の管轄下に置かれ、賽の河原として死穢を清める場となった。また、刑場ともなり、飢饉や戦乱になると死体の溢れる状況は、まさに芸能を呼ぶ条件を備えている。もちろん、河原者と呼ばれる種々の人びとも集住した。

しかし、応仁・文明の乱以後、興行地は洛中市街地に移って、河原は荒廃した境界と化する。小笠原氏はこの理由として、「乱による秩序の混乱によって、逆に河原の利権化が進み、勧進聖の介入が難しくなったということがあったのかもしれない」(前掲)と推測する。勧進聖と河原者の関係に、利権をめぐる変化を想定するのである。

四条河原が興行の中心地として再び殷賑《いんしん》を極めるのは、阿国《おくに》歌舞伎に続く遊女歌舞伎の頃からである。その前の興行地は五条の河原であった。秀吉による天正一七年(一五八九)の方広寺大仏殿の造営、文禄三年(一五九四)の伏見城の起工が、五条河原の興行地を形成したとみられる。

伏見からの通路として賑わいをみせた五条橋東詰付近の芝居は、東博本・河居家本・妙法寺本・山岡家本などの「洛中洛外図屏風」に描写される。出雲の阿国がややこ踊りを行ったのは、五条橋の東詰であった。ややこ踊りは、天正九年（一八五一）〜慶長八年（一六〇三）までの資料にみられる。

次には北野の東に舞台を拵えて踊る。やはり古くから勧進の興行場所であり、パトロンの支持もある北野社へ移ったのであろう。北野社の東で阿国が歌舞伎踊りを演じたことは、『かぶきの草子』『恨の介』「国女歌舞妓絵詞」などの諸書に記されているし、北野社の松梅院と阿国との密接な関係も知られている（『北野光乗坊文書』、守屋毅『「かぶき」の時代』三・芝居と遊里）。やがて、三条縄手の東で、祇園町の後ろに舞台を建て、舞い踊った。『東海道名所記』は、阿国の活動を時間的に段階を経て記している。

むかし〳〵、京に歌舞妓のはじまりしハ。出雲神子に。おくにといへるもの。五条のひがしの橋づめにて。やゝ子をどりといふ事を、いたせり。其後、北野の社の東に。舞台をこしらへ。念仏をどりに。歌をまじへ。ぬり笠に、くれなゐのこしミのをまとひ。鳧鐘を首にかけて。笛つゞみに拍子を合せて。をどりけり。其時は、三味線ハなかりき。かくて、三十郎といへる狂げん師を、夫にまうけ。伝介といふものをかたらひて。三条縄手の東のかた。祇園の町のうしろに、舞台をたて。さま〴〵に舞をどる。三十郎が狂言。伝介が糸よりとて。京中これにうかされて。見物するほどに。六条の傾城町より。佐渡嶋といふもの。四条川原に舞台をたて。けいせい、数多出して。舞をどらせけり。若上らうと云傾城や。また舞台をたて丶。能をいたす。脇もつれも。地うたひも。みな傾城ども也ければ。謡ハ蚊の鳴やうにて、をかしければ。後にハ。地うたひハ、男をやとひて、いたせり。

（この叙述について服部幸雄氏は『慶長秘聞録』〔慶長十五年奥書〕と交渉があるとする）

ややこ踊りでデビューした阿国は、男装して茶屋の嬶《かか》と戯れるという寸劇を仕組んだ画期的な芸を披露した。それは、関ケ原合戦の余韻未だ覚めやらぬ歌舞伎者の闊歩する風潮に迎えられ、圧倒的な支持を得た。この阿国歌舞伎の人気に追随して、いくつもの遊女歌舞伎が登場する。その時から、四条河原での興行が復活するようである。

「四条河原遊楽図」など、多くの絵画資料に三味線を搔き鳴らす和尚と呼ばれるスターや、それと茶屋遊びを演じる茶屋の嬶と猿若、群舞する遊女たちが描かれている。その遊女歌舞伎の筆頭が、六条傾城《けいせい》町の佐渡嶋歌舞伎であった。『舞曲扇林《ぶきよくせんりん》』七には、「又若しゆかぶきといふ事佐渡嶋が子に左源太・小源太とてあり。二人ともに芸よく致し侍る故、四条河原町におゐて始て若しゆかぶき致し、それより次第に四条河原に芝居あまた出来ぬ」と、佐渡嶋の子を若衆歌舞伎の創始者としており、元禄二年（一六八九）頃には、佐渡嶋を四条河原の歌舞伎の起源とする伝承ができていたことがわかる。

興行地が五条から四条へ移ったことについて、『京雀』は次のように記す。

今この大橋は東の川ばたに人形あやつりの芝居をかまへ細き仮橋をかけて侍へりしに、太閤ひてよし公の時、ふし見より禁中へ参内し給ふ道筋よしとて此大橋をかけられ、人形あやつりの芝居をば、今の四条川原へうつされたりとかや

（五条橋通の項。『古今役者大全』にも同様の記載）

こうした理由とともに、北野・五条から四条河原へ興行地が集中されたことについては、七つの櫓《やぐら》の創始と重ねる見方が一般である。『雍州府志』『日次記事』（『歌舞妓事始』がこれを引用）は、元和年中に所司代板倉伊賀守が、四条河原に七つの櫓を赦免したことを伝える。為政者は、この七座以外の興行を禁止することで、遊里とともに芝居を一地域に囲い込む施策であった。

寛永六年（一六二九）、全国を席巻した遊女歌舞伎は、風紀紊乱のかどで禁止された。といっても、遊里の統制と同時に進めねばならず、一朝一夕には行かなかったようで、慶長・元和から禁止令は出ていたが、実を上げ得なかったらしい。承応元年（一六五二）には、若衆歌舞伎も禁止となる。これも、実際には地方によってその時期は異なったようで、京都の禁令は『江戸名所記』の記す寛文元年（一六六一）まで発令されなかったか、されても実効がなかったようである。

付言すると、遊女が四条河原で行っていたのは歌舞伎だけではない。能については多くの資料に記事があるが、たとえば『露殿物語』には、「四条河原をとをらせ給へは、こ、かしこに、さ

んしき、ねすみたうをかまへ、その家々の幕を張り、寄大鼓を打ならしけるほとに、露殿よりて額を見給へは、来る十五日より此うちにをひて、観世能御さ候、太夫は、よしの、つしま、とさ、ていか、をのえ、たかしま、いつれも名人達なり、御望の方々は御見物あれとそかいたりける」とあり、玄人はだしの芸であったようである。『長沢聞書』には、織田有楽殿衆と織田常真殿衆との喧嘩から女能は法度となったとあるので、元和年中までは演じられたと考えられている。そのほか、女舞については、『舜旧記』元和六年（一六二〇）八月二二日条や、「四条河原遊楽図」（静嘉堂文庫蔵）の櫓幕に描かれる春松がこの地で興行を行っているし（宮本圭造「女舞についてのノート」）、女太夫も人気を集めていたが、すべて禁令のために姿を消す。

なお、四条河原では他にも連飛《れんとび》や蜘蛛舞《くもまい》・輪脱《わぬけ》などの軽技、水操《みずあやつり》や種々の見世物が繰り広げられ、多様な芸能者の営みがあった。

元禄歌舞伎まで

明暦・万治頃の野郎歌舞伎の代表芸は「島原狂言」であった。つまりは傾城買《けいせいがい》狂言である。「芸鑑」（『役者論語』所収）によれば、「只今けいせい買の始り」という口上とともに、派手な衣装に身を包んだ立役が買い手として登場し、揚屋の亭主の滑稽芸、傾城と買い手とのやりとりなど、遊里での色模様を見せた後、囃子に合わせて女方が舞を演じるものであった。当然、何度も取り締まられたが、目先を変えては演じ続けていたようである。しかし、度重なる禁令によって、歌舞伎は芸域を広げ、せりふを重視して戯曲化の方向へ進む。なお、寛文元年（一六六一）に、若衆歌舞伎の禁制が徹底され、そのために寛文年中は長きにわたって歌舞伎が行われなかったとみられる。『歌舞伎年表』は、寛文八年（一六六八）三月一日の村山座における一幕芝居まで、この間の京都の興行を全くあげていない。難儀をした名代所持者が、新たな所轄権者である西町奉行雨宮対馬守に願い上げをし、宮崎若狭守の立ち合い、吟味を経て、翌九年正月に一一の名代が赦免となる（『四条芝居由緒書』）。次に掲げるのは、正徳三年（一七一三）『京四条河原諸名代改帳』の記載による赦免日である（『京都御役所向大概覚書』『歌舞伎事始』『古今役者大全』にも記事があるが、赦免の日に異同がある――『歌舞伎年表』第一巻）。この名代改めは、京都所司代から町奉行の支配へと移行するのにともなう確認であり、それ以前の名代についての実体は不明である。

歌舞伎物真似―村山平右衛門（寛文九年正月一八日赦免）、布袋屋梅之丞（寛文九年正月一八日）、都万太夫（寛文九年一〇月六日）、杉本庄太夫（不明）、藤田孫十郎（元禄二年七月一七日）

狂言物真似―大和権之助（寛文一一年正月一〇日）

蜘舞物真似―早雲長太夫（寛文九年一二月二八日）

仕方舞物真似―夷屋松太夫（寛文九年五月七日）
からくり物真似―亀屋久米之丞（寛文九年正月八日）、岡村三郎兵衛（不明）
放下物真似―豊後屋団右衛門（寛文九年正月八日）

新任の両町奉行は、名代赦免に続いて、荒れ地であった四条河原の整備にも着手した。鴨川の護岸工事が行われて、四条河原にも両岸に石堤が築かれた。これにともない、西岸や四条中島にあった芝居小屋は東岸に移されている。この時、大和大路四条上ルの地が開発されて新町ができ、西岸にも新河原町（後の先斗町）が開かれて、鴨川の両岸が広大な茶屋町となった。こうして、四条河原から縄手までの一帯が一大遊興地になった（守屋毅「近世京都における興行慣行の確立―寛文の名代赦免に関連して―」）。

劇場の環境が整い、芝居そのものも続き狂言へと成長し、延宝期には役柄の基本も出揃う。延宝六年（一六七八）には、坂田藤十郎が「夕霧名残の正月」で伊左衛門を演じ、いよいよ元禄歌舞伎と呼ばれる京都の歌舞伎の盛時が訪れる。島原狂言の流れをくむ傾城買いは、藤十郎によって紙子姿のやつし芸へと展開し、新たに嵐三右衛門が諸職人の所作をみせるやつしを創始した。他にも、大和屋甚兵衛・山下半左衛門といった名優達が輩出している。傾城買いはお家騒動劇の中に取り入れられて、『けいせい浅間嶽』（元禄一一年／早雲座）、『けいせい仏の原』（同一二年／都万太夫座）の大当たりとなり、四条河原は活況を呈した。なお、後者には近松門左衛門が作者として加わっている。この頃には、三〜四座が歌舞伎を上演し、集客に鎬を削っていた。

参考までに、元禄二年（一六八九）の芝居小屋の規模を『京都御役所向大概覚書』から掲出しておく。

四条南側芝居	間口十二間二尺五寸	奥行二十九間半	芝居主大和屋新兵衛
四条南側芝居	十二間四尺	二十三間	越後屋新四郎
四条南側芝居	七間	十二間四尺	伊勢屋嘉右衛門
四条北側芝居	十四間四尺	三十間二尺	井筒屋助之丞
四条北側芝居	十一間一尺	三十間二尺	両替屋伝右衛門
大和大路常盤町	八間三尺	二十二間三尺	宇治嘉太夫
大和大路常盤町	十六間五尺	三十三間	三木屋治兵衛
四条河原西橋詰北側	二間三尺三寸五分	五間半二尺七寸五分	近江屋甚三郎

浄瑠璃と四条河原

歌舞伎と同じ頃、四条河原に進出したと考えられる操《あやつ》り浄瑠璃に話を移す。『東海道名所記』と『雍州府志』の述べるところを整理すると、文禄から慶長期、監物某と京の次郎兵衛の二人が、西宮の夷《えびす》かきに持ちかけて人形を操らせ、自分たちが浄瑠璃を語って「鎌田」を演じたのがその始めである（京の次郎兵衛は『鸚鵡ケ杣』によると、目貫屋長三郎のこと。引田百太夫とともに後陽成天皇に召されて操りを上覧したという）。その頃の舞台は、わずかに幕を二本の柱の間に張り、その上に人形を舞わせるだけの粗末なものであった。その後「牛王《ごおう》の姫」「阿弥陀胸割」が演目となった。続いて『東海道名所記』は、浄瑠璃太夫として初めて受領した河内・左内という語り手が出、南無右衛門・左門・よしたかなどという女太夫も出たが、女歌舞伎の禁止とともに止められたと記す。これは寛永六年頃のことであろう。寛永二一年（一六四四）には江戸から伊勢島宮内が上京して、左内（若狭掾）と競り合い、レパートリーも拡がって盛行した。『故郷帰の江戸咄』（貞享四年）は、寛永頃の浄瑠璃の状況を述べるにあたり、「十二段」が聞き飽きられた後、六字南無右衛門が舞の「八島」「高館」「曽我」を浄瑠璃節で語るようになったことを記し、次いで「それより、左内、宮内などゝいふ太夫うちつゞきて、四条河原にて語りける故に、かわらぶしといふて、座頭よりは、いやしめけるとかや」と述べる。河原で語られたために、賤しいものとされたというのである。田楽や猿楽が河原で興行を行っていた応仁の乱以前から、平曲のみは洛中の寺や辻で行っていたという状況が、こうした受け止め方をさせたのかもしれない。もちろん、貴人達は堂内で聴いていた。河原で聴くのは雑人《ぞうにん》であった（小笠原恭子『都市と劇場』一章三節）。

左内と宮内は、四条河原見聞記『美夜古《みやこ》物語』（明暦二年五月）が「からびたるこゑ共して。左内が松かぜ。宮内が佐々木」と叙し、清水春流『続つれ〲草』（寛文一一年）が「左内と宮内が芸をたがひにまさらむとあらそひしに」云々と互角の評を伝えるように、諸書に並び称されたが、左内の度々の院参に対して、宮内は一度も叡覧にあずかることがなかった（安田富貴子「天下一若狭守藤原吉次の再検討」）。

宮内もそうであったが、明暦期には、江戸の太夫たちの上京が目を引く。『仁和寺御記』明暦二年（一六五六）一一月二八日の条には、江戸薩摩浄瑠璃が仙洞で上演されたことが記される。江戸薩摩については未詳であるが、一カ月前に受領した長門掾かと考えられている。また、『忠《ただ》利宿禰《としすくね》記《き》』明暦三年七月五日に、二条河原で薩摩操りを見物したとあり、『諸式留帳』は、万治二年（一六五九）五月にも、二条河原で薩摩太夫が浄瑠璃芝居をしたことを記録する。すべて同一の太夫であるのか、なぜ二条河原であったのかは不明である（安田富貴子「天下一薩摩太夫小考――叡覧・受領記事を中心に――」）。

図1　四条通

江戸の太夫の上方興行については、明暦の大火によるもので、万治・寛文期、上方でも金平《きんぴら》浄瑠璃流行のきっかけとなったというのがかつての通説であったが、現在では否定されている。というのも、大火以前にもすでに金平浄瑠璃が語られていたことが明らかになったからである。明暦四年（一六五八）七月一三日に上総掾を受領した虎屋喜太夫も上京組のホープである。彼が江戸木挽《こびき》町で浄瑠璃を語っていたことは『東海道名所記』（巻一）にある。同書（巻六）には、左内・宮内らの子供らが「受領して。がたらつく中に。喜大夫といふもの、上総の掾になりて。太平記をかたる。その曲節。平家とも、舞とも、謡ともしれぬ嶋者なり」と記し、それまでの語り物の音律とは異なる奇異な曲節として受け止められる向きもあったようであるが、上総掾はまがいなく万治・寛文にかけての京都の操り界をリードした太夫であった。『京雀』の「四条通」の挿絵は、真正面から虎屋喜太夫の櫓と小屋正面図を描いている(図1)。

祇園の御旅所から祇園社にいたる賑わいを描いた四条河原図巻のうちでも、ハーバード大学フォッグ美術館蔵「京四条河原芝居歌舞伎図巻」(甲本)には、七座の芝居小屋に焦点を当てた延宝末年頃の景観図が描かれる。歌舞伎の小屋が亀屋久女（米）之丞、天下一大和権之助、天下一早雲（蜘）長吉、みやこ（都）万太夫の四座、浄瑠璃が天下一相模掾藤原吉勝、宇治加賀掾吉(好)澄の二座、それに籠抜け軽業芝居の天下一鷲尾琴之助・龍王瀧之助の小屋である（諏訪春雄「絵画資料に見る初期歌舞伎の芸態——『京四条河原芝居歌舞伎図巻』——」、同「歌舞伎史の画証的研究」、人形舞台史研究会編『人形浄瑠璃舞台史』）。

また、フォッグ美術館に所蔵されるもう一本の「四条河原図巻」（乙本）が、阪口弘之氏によって紹介され（「延宝期四条河原の芝居景観」）、それによると操芝居三座と見世物小屋二軒、蜘蛛舞一座と、判別不能の一座が描かれる。この図巻は旧吉田本およびサントリー美術館本と兄弟関係にあると認定され、景観年代も、延宝三年（一六七五）から八年頃までのものと考証されている。その四条河原東橋詰南側に虎屋喜太夫芝居があり、上演演目は吉田本の看板から「佐々木問答」と推定されている。喜太夫芝居は、甲本にはすでに見えないことから、この少し前に撤退したもののようである。

加賀掾・角太夫の芝居

喜太夫以後の京都の浄瑠璃界は、左内・宮内の名代を継承した山本角太夫と宇治加賀掾の二人が担うことになった。『家乗』延宝五年（一六七七）五月一一日の記事により、紀州和歌山宇治の紙商人の出と判明した加賀掾は、『好色由来揃』によると、まず伊勢中の地蔵で興行し、延宝三年に伊勢島宮内の名代をもって、宇治加（嘉）太夫の名で旗揚げをしている。次の『京都御役所向大概覚書』は、正徳頃の四条の小屋の所有者を記すものであるが、加賀掾以外の芝居主は一般町人である（守屋毅「近世京都における興行慣行の確立――寛文の名代赦免に関連して――」）。

四条北側芝居　　井筒屋助之丞

四条北側芝居　　　　　　　両替屋伝左衛門
四条南側芝居　　　　　　　大和屋利　兵　衛
四条南側芝居　　　　　　　越後屋新　四　郎
四条南側芝居　　　　　　　伊勢屋嘉　兵　衛
大和大路常盤町芝居　　　　宇　治　嘉　太　夫
大和大路常盤町芝居　　三木屋治　兵　衛

右のように、加賀掾は上方で唯一、芝居主と名代・座本をかねた存在であった。

しかし、宇治座の位置は、初めから大和大路に面していたわけではない。京都国立博物館蔵「祇園社四条街繁華絵巻」から阪口氏が特定したところによると、それ以前は四条東岸南側の亀屋久米之丞芝居の並びに、建仁寺町（通り）をはさんで立っていた。東隣りが目病み地蔵（仲源寺）である。

加賀掾旗揚げと同じ頃、天下一若狭掾の名代を借りて旗揚げした角太夫は、延宝五年（一六七七）閏一二月一〇日、相模掾藤原吉勝を受領し、翌一一日に嘉太夫が加賀掾を受領する。受領御礼のための仙洞御所への表敬訪問は順序が逆で、加賀掾が一三日、相模掾が一四日であった。二人は左内・宮内の再来のごとく、実力・人気の拮抗したライバルとして、四条の繁栄に貢献したが、愁嘆表現を表看板とする角太夫は、その語りに規制されるところが大きかったのであろうか、次々と新しい試みを繰り出す加賀掾にはついに及ばなかった。しかし、演目とその内容からみると、両人には共通する特徴も多く、阪口氏はからくりの使用や趣向などに直接的な影響関係を認め（「加賀掾と土佐掾――『他力本願記』と『六角堂求世菩薩』をめぐって――」）、和田修氏は古典文学指向と近世風俗の摂取、歌舞伎的趣向という、これまで加賀掾の傾向とされていたものが、角太夫正本にも認められることを指摘する（「山本角太夫――伝襲と創造――」）。そのうち、古典文学指向については、金平浄瑠璃に行き詰まった上方の浄瑠璃界が寛文末年より試み始めた全体的な傾向であるとして、上総掾正本「小倉山百人一首」をその嚆矢とする。そんな時期に登場した両太夫が古典素材をとりあげることになるのは自然な選択であろう。それはしかし、京における上演を意識した結果とも考えられる。「よハ〳〵たよ〳〵、うつくしくかたり出せバ、京の見物あたまからお気に入て」（『今昔操年代記』）とあるように、謡曲を下地にした加賀掾にとって最適の題材であったばかりでなく、能を愛好し、節配りの細やかさを好んだ京の聴衆の側としても、好感度が高かったということであろう。和田氏も、加賀掾の「江州石山寺源氏供養」（延宝四年）と「西行物語付江口君遊女之由来」（延宝五年）については、古典指向というより、謡曲が第一義であったと述べる。角太夫の方も、小町伝説をつなぎ合わせた「七小町」（同上）やお家騒動物ではあるが、謡曲をそのまま取り入れた「角田川」（元禄期）などで対抗している。

近世風俗の摂取というのは、廓場の導入と、「見物事《ごと》」ともいうべき各種の芸能の織り込みを指す。また、歌舞伎的趣向とは、お家騒動物のお定まりの構想、やつし事、付舞台での演技などであるが、廓場は歌舞伎の趣向であるから、もとより両者は不可分のものである。そして、これも京という風土、芸能人たちが交流する場としての四条河原ということが、大きい要因として働いていたということができる。ここでは、その点についていささか紙数を費やしたい。

【遊里描写について】　京都の公式の遊里は、九条の里に始まりその後、二条柳町を経て、慶長七年（一六〇二）より寛永一七年（一六四〇）までの間、六条柳町に設置されていた。その中には遊女歌舞伎の芸団を編成した佐渡嶋や、四条河原に遊女屋を開設した林又市郎のような経営者もあった（守屋毅「初期歌舞伎の禁令」）。慶長一七年には六条三筋町から島原に移転するが、清水寺から四条にかけての地も、色茶屋や野郎宿が盛り場を形成して行く。阿国歌舞伎以来、野郎歌舞伎になっても、茶屋遊びが京の歌舞伎の中心であったのは、芝居が悪所であったからである。それは、歌舞伎のみではなく、歌舞伎と交流を始めた浄瑠璃にも共通する芸となる。

加賀掾について、京都の浄瑠璃界に新風を吹き込んだというのは、まず廓描写を取り込み、遊女を登場させたことに対する評価であった。宇治座旗揚げ時の新作浄瑠璃が「大磯虎遁世記」（『今昔操年代記』による。正本は現存せず）であるから、はじめからその路線を指向していたのであろう。

延宝五年正月の「しづか法楽の舞」の第三・四段目は九条の傾城町が舞台となる。土佐坊正存

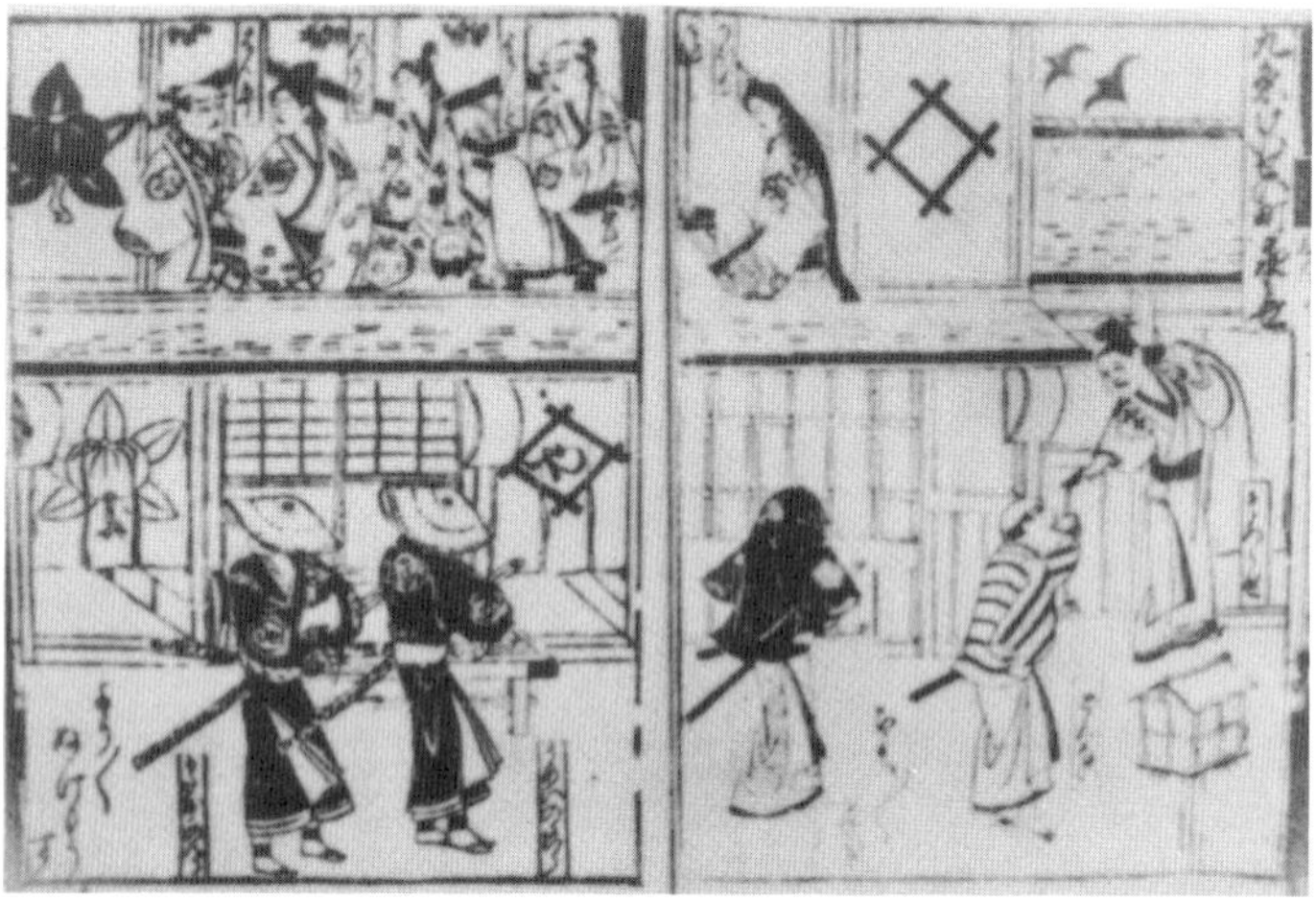

図２　「しづか法楽の舞」第４・５図

の郎党たちがこの世の思い出にと出かけた廓で、義経の家来達と出くわすという段であるが、廓の描写に長《た》けている。第四段冒頭を紹介する。

すでに其日も。くれはどり。あやはのにしき色〳〵の。手をつくしたるそめ小袖。ゑもんけたかく引つくろひ。二八あまりの君たちの。ならふかうしの内外に。数〳〵とぼすともしびは。名のみつたへ聞にしの。ごくらくじやうどゝいつつべし。けんぶつくんじゆの其中に。づきんはおりをかづくもあり。あふぎをかざしさしのぞき。たうせいはやるはなうたをしどろ。もどろにうたひなし。ようぬけ申といふも有。あるひはいつぞやよせ来る。おてきのたいこおとづるれば。手たてのふみをこま〳〵と。かくれしのぶるおやのかね。いつのまにかはぬすみ出し。かいふきあぐるもとひかや。又宿やのざしきには。きやくのかず〳〵いながれて。つゞみ。たいこを。打ならし。とめいてあそふ。方もあり。しやうぎすご六打置て。玉のさかづき取〳〵に手くだをつくす尺八の。一よぎりこそねもまた。よけれなぁん。君と一やはねもたらずなも。扨おもしろきけしきかな。誠に心うかれめの。いつはりおほきことのはと。思ひながらも色ふかくまよはぬ人こそなかりけれ

（『古浄瑠璃正本集・加賀掾編』第二）

この後には「太夫名寄せ紋尽」があり、亭主が客に、太夫達の名と紋を教える趣向があった。同様の趣向が角太夫の「なごやさんざ六条がよひ」（天和三年一二月以前）にも取り入れられている。名古屋山三郎は、『阿国歌舞伎草紙』などで、かつての阿国の恋人とされた伝説の伊達男であり、彼を操りの舞台に登場させるのは、歌舞伎の伝承を取り込むことでもある。この作品では、冒頭に六条の遊女町与藤次抱えの遊女揃えがあり、葛城以下あまたの君が列座する華やかな幕開きとなっており、続いて、亭主が不破、名古屋、梅津の掃部《かもん》を二階座敷に上げ、遊女たちの道中を見物させて名と定紋を教えている。

ていしゆこたへて。まつさきなるはむめのくはん。花にこてふのはねかはす。ちらしのこそでにじやうもんは。いげたに九ようをつけられしは。まだしんぞうの御上らう。なもはつゆきのふりすかた。とけての心いかならん。すゑゆゝしけなる君なりとしなをあらせてかたりける。扨かもんのすけのとはれしは。其つぎに三がいびしの中にとものもん付しはあれは

たそていしゆ。なふあれこそはなにしおふたま川の。君にそはれしこてふといひしかぶろ也。今はすがたをみる人をうかせんさまとそをしへける。（『古浄瑠璃正本集・角太夫編』第二）

こんな調子で紹介するのを、観客達は本当の太夫道中を見るように心浮き立てて観劇したのであろうか。近松作「世継曽我」（天和三年）第五では、頼朝の御台所の所望により、御所の前に色町をつくるとして、夜見世風景をしつらえ、虎・少将の道中姿を見せた後、今様にて風流舞を舞う趣向がある。やはり、色町を舞台に写して、風情を楽しもうということであろう。

また「七人ひくに」（延宝期）第二は、六条東洞院の白菊という傾城に、主人公が破れ傘・破れ紙子で逢いに行くという、「夕霧名残の正月」（延宝六年）のやつし芸の襲用が認められる（高野正巳『近世演劇の研究』）。

こうした廓描写は都に限らず、「西行物語」（延宝五年）四段目には、江口の里での駘蕩とした遊興の場があり、「暦」（貞享三年）第二は、駿河の遊廓が舞台となっている。さらに、これらの廓場では、三味線歌や島原ではやった投げ節などが散りばめられており、音楽と道具立で華やかさを演出したものと想像される。

このように、四条の操り芝居は劇場界隈の気分を取り込み、かつ一時代前の廓を理想郷として現出させることを、一つの路線として打ち出したのである。正木ゆみ氏は、「暦」の節事「しゃれ物語」に西鶴の浮世草子との接点を見出し（「西鶴『しゃれ物語』をめぐって――浄瑠璃『暦』の再検討——」）、また、「世継曽我」の廓場に遊女評判記『難波鉦《どら》』の影響をみておられるが（「『世継曽我』廓場考」）、これは浄瑠璃が遊里の文芸でもあったことを示すものであろう。「西行物語」で夜盗の修羅の場を語った義太夫は、独立して初めて語った四条では受け入れられず、道頓堀を我が本拠地とした。この義太夫のために創作した近松の浄瑠璃に遊廓の情調がますます導入されることになるのは、正木氏によれば、遊里風俗の摂取に遊女の精神面をからめた内面的当代化が方向づけられたためである。これは作者の円熟ということが大きいのかもしれないが、場と語り手の問題という要素も大きいのではなかろうか。

【歌舞伎の摂取】　加賀掾は、廓場以外でも歌舞伎の趣向や展開を借用している。この点については、高野正巳氏以来、作品個別に多くの指摘があるが、延宝期の作品については、時松孝文氏が「源氏供養」と「赤染衛門栄花物語」「遊屋《ゆや》物語」をとりあげて、歌舞伎の道化が浄瑠璃の忍びの趣向に結びついたことを論じ（「恋慕の浄瑠璃と道化——延宝期加賀掾の作品を中心に——」）、元禄・宝永期の作品については正木氏が、「南大門秋彼岸」（元禄一一年秋）や「丹州千年狐」（元禄一二年六月頃）に、「けいせい浅間嶽」で大人気をさらった江戸役者中村七三郎の芸が写されていること（「宇治座の浄瑠璃と江戸歌舞伎との交流——初代中村七三郎との関連を中心に——」）、「猫魔《ねこま》達《た》」（元禄一〇年頃）に坂田藤十郎や竹嶋幸左衛門などの物真似があること（同上）、「兼好法師物見車」（宝永七年以前）に道化役者山田甚八の芸風が付与されていることや、元禄一二年九月頃に都万太夫座で上演された歌舞伎「吉田兼好鹿巻筆」の趣向・局面等を利用したこと（「『兼好法師物見車』小考――衛士の又五郎をめぐって――」「『兼好法師物見車』小考（補遺）」）などを指摘している。最近の研究ではほかに、「難波染八花形《なにわぞめやつはながた》」末尾の「初春野郎足揃」に読み込まれる三一人の役者と大和屋甚兵衛の動向が題名と詞章に反映しているとして一六年上演説を採った井上勝志氏の論などもある（「『難波染八花形』上演年代をめぐって」）。

また、和田氏の「元禄期の宇治座と竹本座」は、元禄期を中心とした宇治座と竹本座の作品すべてを、歌舞伎的要素の変遷に着目して検討したものであり、現段階での研究の到達点を示す論であるが、そこでは宇治座の歌舞伎指向を如実に示すものとして「愛染明王影向松《あいぜんみょうおうようごうのまつ》」（元禄末～宝永初年）をあげ、全編を通じて歌舞伎のお家騒動物の構成をそのまま採用しているとする。和田氏は、元禄一〇年（一六九七）代に歌舞伎的要素の最も熱心だったのは宇治座であり、竹本義太夫の方はあまり関心がなかったと結論付けており、特に元禄一〇年以降になって宇治座が大胆な歌舞伎摂取を推進した背景には、二代目加太夫ら、若手の台頭やからくりなどの充実があったと推測している。

この動向は、加賀掾の進取の気性に加え、もうひとつ、近松がそこに介在していることも大きい。周知のように、近松は習作期、加賀掾のために執筆しており、本論で扱っている延宝期宇治座作品にも、近松が関与した可能性がある。その一方、元禄六年（一六九三）には、藤十郎が座本を勤める都万太夫座で、金子一高らとともに歌舞伎の狂言も執筆している。井上氏は、近松作「大名なぐさみ曽我」の元禄一〇年都万太夫座上演の意味を、宇治座で上演した同人作「曽我七《なな》以《い》呂《ろ》波《は》」との同時上演に求めている。後者の上演年次は今のところ確定的なものではないが、「大名なぐさみ曽我」が、かつて近松が加賀掾に提供した「世継曽我」の当て込みであることに着眼すれば、競演の形を取ることで、相乗効果を期待した興行政策であったと見ることができるというのである（「歌舞伎・加賀掾・近松」）。

近松を軸とした、加賀掾と歌舞伎とのつながりは、和田氏が紹介した『金子一高日記』（「元禄十一年日記」として鳥越文蔵編『歌舞伎の狂言』に翻刻）の記事からも読みとれる。都万太夫座の道化役兼作者であった金子吉左衛門の元禄一一年の日記は、芝居作りに関わる日常を具体的に知らしめる資料であるが、その中には、近松を通して加賀掾より人形を借りたという記事や（五月一一日・一二日にも人形の件で近松に依頼）、金子の精進落ちに、近松とともに加賀掾より振る舞いに招かれた記事も見え（一二月三日）、加賀掾は、近松を介して万太夫座の藤十郎や吉左衛門らとの交流を積極的に行ったようである。歌舞伎と浄瑠璃の芸の接近、相互の影響というのは、触発し合う才能が四条河原という場所で接触していたためともいえる。

【水がらくり、本水の使用】当地との関連において、もうひとつ考えたいのが、水がらくりである。寛文～宝永期は、操り芝居において、からくりが飛躍的に発展し、観客を喜ばせた時代である。

水がらくりは、『役者万年暦』（元禄一三年三月）京之巻が「出羽がしだしの水からくり」と記すように、大坂道頓堀の伊藤出羽掾が早くからそれを売り物にしていたため、京都では出羽掾門下の角太夫が、水がらくりを多用した。絵入本の挿絵などからそのように推定される延宝期の角太夫芝居の例を次に掲げる。

○延宝五年一二月以前「粟島御祭礼」（絵入本の刊行は元禄期かとされる）

見返し図に、老女が洗濯するところへ器に乗った姫が流れ寄る場面が描かれ、「水がらくり」とある。第五・六図下半には、姫を流す舟の巻絹が帆となって航行するところと、天女が粟島を作り、姫の宮居を出現させたところに「水の上大からくり」とある。また、第九・一〇図の舟祭の挿絵にも「小りう龍とうをさゝぐる」部分に「水のうへ大からくり」と表記される（図3）。

○延宝七年八月「百丈山大知禅師伝暦」

第一・二図下半、大蛇に追われる大とんが舟を追って泳ぐところに「此所なんきん水からくり」、第一一図には「うらぼん水せがきの次第なんきん水操」とある。この「南京」水からくり・操りは、出羽・角太夫の芝居にのみ使用され、宇治座にはみられない（山田和人「浄瑠璃の演出」）。

図３（上）「粟島御祭礼」
（第９・10図）
図４（下）「和気清麿」（第３図）

○延宝八年八月「大しよくはん」
第八・九図「あま人くわんをんとあらはれ給ふ」「どうじ二人さしあぐる所」「こくうよりほうとうきたるあま人成仏の所」と説明書され、「水のうへ大からくりの所」とある。

加賀掾の上演分では次の作品がある。
○延宝九年五月以前「和気清麿《わけのきよまろ》」（一・三・五段に大がかりな水がらくりが用いられている）
初段、道鏡のために喜界が嶋に流される清麿と、唐土より帰朝する伝教大師が舟で行き会う。伝教、ちんたの滝で行力を試みると、「いなびかりしきりにてしやちほこといふ大悪魚。いろこのつばさに波を羽ぶき。一もんじにはせ出て護摩の火をうちけさんと。うしほをふひてはせまはるは〈ヲクリ〉すさましかりけるいきほひ也　時に海上白なみうつて。本師智者大師如意をひつさけ鯉魚に乗しせつなが間にうかみ出。……有つる鯉はそれよりも。みなぎりおつる瀧つせをしのぎ〳〵て〈三重〉よぢのぼり　すがたへんじて。りうとなりなみをまいたる有さまは。さながらゑかきて瀧門の瀧をうつすがごとく也」。この部分は挿絵にも描かれ、その説明に「清丸ながさるゝ所」「でんげうきてう」（第一・二図）、「こひれうと也たきへ上る大からくり」（第三図／図4）とある。三段目、喜界が嶋の清麿が日吉山王権現に助けられるところの挿絵には「水の上に嶋出来大からくり」（第六・七図）と説明がある。五段目は山王祭で、舟が集まる中、伝教が湖上に立てた一宇に渡り、火を取り帰るからくりがある。第一一図には、大宮殿を先頭に、聖真子、八王子、客人の宮、十禅寺、二の宮、八王子などの舟揃えが描かれ、小舟に小人形を乗せてのからくりがあったものと思われる。この湖上の神輿《しんよ》渡しは元禄期の義太夫正本「都富士」にも取り入れられている。

右の他に水がらくりは用いなかったとしても、本水を利用したであろうと推測できる作品はいくつかある。

(加)延宝四年五月「江州石山寺源氏供養」―第三段、石山寺に籠った紫式部が水想観によって須磨明石の景が次々に湖上に展開する趣向がある。

(角)延宝五年正月「玉津しまの御本地」―第九・一〇図、毒蛇となった大さづちに田辺の庄司が海上で打ってかかるのを、舟上より若竹宮や衣通《そとおり》姫らが見守る図。

(加)延宝五年三月「西行物語付江口君遊女之由来」―第一〇・一一図に「藤之棚だてくらべ」の図があり、三条の吉次・吉六・そうていが扇流し、盃流しをして遊ぶ。また、第一二・一三図に「江口舟あそび」があり、遊びの舟に乗る吉次・吉六・そうていらの上に、江口の君が普賢菩薩となってあらわれている。

(加)延宝六年二月頃「霊山国阿上人《りようぜんこくあしようにん》」―第六・七図に、「くまのなちのたき」「上人たきつぼよりながれ給ふ」「(に)よしやう上人をたき川へながす所」という説明がある。本文にも「おちく(る)たきはすせんじやう雲き□らう〳〵として其みなもとはみへわかず」云々と記す。

(加)延宝八年正月「赤染衛門栄花物語」―第七・八図に「大しんひめを思ひ川へとび入」とあり、第一一・一二図には「四条河原茶や夕すゞみのてい」が細やかに描かれる。本水に床几を浮かべたかもしれない。まさに景観を写した舞台であり、宝永初年頃（信多純一「宇治加賀掾年譜」）の「愛宕山旭峯」に、この趣向が再び節事として挿入されている。

(加)延宝九年五月以前「いざよひ物語」―第四・五図下半に「ゐちこの国なを井のうらいけにゐの大からくりの所」がある。これも水がらくりであった可能性がある。

(加)延宝九年六月以前「粟島大明神御縁起」―第三図「姫君すみよしのいそへながれよる所」、第五図「あわ嶋ひめ若君をつれりうぐうへかへり給ふ所」、第七・八図下も水上である。

(加)貞享元年七月「藍染川《あいそめがわ》」―「べんの君ふなじの道行」の詞章には「小ヲクリ」「フシ」「トル」などの節譜が付され、最後に「是よりくがぢをゆかんとてふな人にいとまこひ。をさないをかきいだきみぎはにあがらせ〈三重〉給ひしが」で、下船して見送る演技がある。この道行は、水に浮かんだ舟と、背景の転換で演じたことが推測される。第五段、天満宮の祭礼の御輿《みこし》争いでは、本文に「上の五日にはやなればみこしあらそひの時ぞとて。あいそめ川の河水もはやりおのうぢこ共。色々のてうちんにさま〳〵のものずきし。すはじこくぞとゆふまぐれまけじおとらじ我さきにとちやうさや。ようさやゑい〳〵ごゑ一二をあらそひ〈三重〉はしり行。皆川ばたに。立ならび。みこしをむかひ待けるは。あまの川ぐまきりはれしほしのはやしもかくやらん」とあり、「和気清麿」と同様の演出があったものと思われる。

上記作品の挿絵や節譜からは、本水を使ったと断定できる根拠はないが、可能性は十分にあると考えて掲出した。

右の如く、角太夫芝居では延宝五年頃から水がらくりが演出の華となり、加賀掾の方でも盛んに水を用いた舞台作りをしている。その理由のひとつには、水をふんだんに利用できるようになったことがあげられるのではないかと思われる。つまり、延宝三〜四年頃には四条通り南側に位置した両座が、この頃大和大路に移っており、寂光院蔵六曲一双屏風には、丸に九枚笹の宇治座と丸に剣酢漿《けんかたばみ》の山本座が、大和大路西側に並んで描かれる。特に宇治座の小屋は白川に接して水を豊富に利用できる環境となり、水がらくりをより熱心に工夫したかと考えられる。水がらくりは元禄期にピークを迎え、角太夫の「動稚高麗責《ゆりわか》」(元禄六年以前)や加賀掾の「飛騨内匠」(元禄八年頃)は、水大がらくりを眼目にした芝居である。

なお、先にあげた「江州石山寺源氏供養」の湖上のからくりは、宝永初年(一七〇四)の「石山寺開帳」で加賀掾が再演しているが、さらに宝永二年に布袋《ほてい》屋座で坂田兵七郎が座本を勤めた歌舞伎にも挿入され、その時には水がらくりで見せたことが記されている。加賀掾自らが出演して須磨明石の巻を語るほか、宇治伊太夫・若太夫も連れ節で語り、からくりの世話は加賀掾の息子嘉太夫が担当するという、宇治座あげての協力であった(林久美子「浄瑠璃の歌舞伎化——岩瀬文庫本『源氏供養』をめぐって」）。役者と人形が舞台に出るこの時の演出から、ただちに浄瑠璃の「石山寺開帳」も水がらくりを用いたとはいえないが、そうでなければここまでの世話はやくまい。加賀掾は口上で、懇意にしている藤十郎の息子であるから、芝居を貸したのだと述べている。先に「歌舞伎の摂取」で述べた加賀掾と藤十郎の交流が、全面的な協力を可能にしたのである。その背景には、布袋屋座の正月芝居、二の替りがあまりふるわなかったという事情もあるものと思う（『役者三世相』）。ちなみに、この年の布袋屋座は縄手新芝居と記され、『扁額軌範』の収める「洛外東山図」には宇治座の南に描かれる。隣りの宇治座の小屋を貸り、裏方も含めて協力を得ることで、大がかりな水がらくりを用いた歌舞伎の上演が可能になったようである。

なお、加賀掾はこの年、難波堀江で出興行を行ない、「雁金文七三年忌」を素浄瑠璃で語っている。絵入本挿絵には、加賀掾らが語る舞台の前に役者による芝居が描かれていることから、歌舞伎芝居の可能性も考えられている（前掲「宇治加賀掾年譜」及び『人形浄瑠璃舞台史』）。私見では、大坂の興行界の要請による出演と思われるが、自分の小屋を布袋屋座に貸したことと関係するのかどうかは不明である。

大芝居の衰退

近世前期までの四条河原の推移を眺め、その中の加賀掾及び角太夫芝居と四条との関わりについて、互いに関連する三つの特質から言及した。事新しく述べ立てるほどのことでもないが、特に加賀掾の芝居の新しさを、単に時代への適合とのみ捉えるのではなく、京都への適合、もしくは、四条河原という土地が生んだ新しさであることを述べたかったまでである。

ライバルであった角太夫の相模掾について補足しておくと、貞享二年（一六八五）九月二三日に京都新所司代に就任したのが土屋相模守であった関係から、土佐掾を再受領（信多純一「山本角太夫について」）する。加賀掾との延宝～貞享期の角逐は、浄瑠璃界の基盤向上に貢献したが、結局加賀掾に水をあけられ、元禄一三年（一七〇〇）に逝去の後は、名代を子息源助が相続し、さらに正徳五年（一七一五）一二月、源助の従弟で加賀掾の弟子宇治外記に譲渡される（阪口弘之「加賀掾・土佐掾」）。

加賀掾の方は正徳元年（一七一一）に没し、その後の宇治座は、息子が二代目を継いだ後、宇治三十郎という人形遣いとなる人物が継承したようであるが、安田富貴子氏が紹介された「公事方壁書」（「近世受領考」）によると、元文初年（一七三六）には宮芝居となっており、同五年（一七四〇）に大和大路の芝居小屋を手放し、寛延二年（一七四九）には「祇園上八軒　宇治嘉太夫」と「跡見弥兵衛」の連名で、矢倉芝居と称して一五歳以下の子供による芝居を三〇日・五〇日ずつ打ったようである。明和元年（一七六四）にいたり、桝屋助十郎に名代をも譲渡したが、同五年（一七六八）には四条道場芝居の名代として復活している。少し前の宝暦六年（一七五六）六月一〇日、本居宣長は『在京日記』に「大方嘉太夫ふしは、今の世にさのみもてはやさす、女童の耳とをきやうなれと、義太夫よりは、又一きは味はひありて、おもしろきかたある物也」と記し（川端咲子「加賀掾没後の宇治一派――加賀掾の門弟を中心に――」）、すでに時代遅れとなりつつある様が伝わってくる。歌舞伎に押された浄瑠璃が大坂で衰退の一途をたどっていた頃、嘉太夫節は一足早く消え、名代のみが宮居芝居の中で明治まで残ることになる（川端咲子「四条道場芝居考」）。

歌舞伎芝居についても、浄瑠璃から客を奪い返した大坂の演目に頼るだけのものとなって、大芝居は弱体化して行く。かくして、四条河原の芝居小屋は、宝暦頃には四条北側の二軒と南側の一軒のみになり、さらに、寛政六年（一七九四）の大火のため、化政期には北側・南側各一軒だけとなった。北側芝居の廃絶は明治二六年（一八九三）、南座が七つの櫓のうち唯一残された劇場となったのである。

〔参考文献〕
服部幸雄『大いなる小屋』（平凡社、一九八六年）
小笠原恭子「中世京洛における勧進興行――室町期」（『文学』九月号、岩波書店、一九八〇年）
守屋毅『「かぶき」の時代』（角川書店、一九七六年）
『東海道名所記』（朝倉治彦注、平凡社、一九七九年）
宮本圭造「女舞についてのノート」（『演劇研究会会報』第二六号、二〇〇〇年）

守屋毅「近世京都における興行慣行の確立――寛文の名代赦免に関連して――」(『芸能史研究』第三九号、一九七二年)
小笠原恭子『都市と劇場』(平凡社、一九九二年)
安田富貴子「天下一若狭守藤原吉次の再検討」(『立命館文学』二〇五号、一九六三年)
安田富貴子「天下一薩摩太夫小考――叡覧・受領記事を中心に――」(『国語国文』四二―六、一九七三年)
諏訪春雄「絵画資料に見る初期歌舞伎の芸態――『京四条河原芝居歌舞伎図巻』――」(『国語国文学論集』第三号)
諏訪春雄「歌舞伎史の画証的研究」(図説日本の古典『近松門左衛門』、集英社、一九八九年)
人形舞台史研究会編『人形浄瑠璃舞台史』(八木書店、一九九一年)
阪口弘之「延宝期四条河原の芝居景観」(『歌舞伎　研究と批評』九号、一九九二年)
阪口弘之「加賀掾と土佐掾――『他力本願記』と『六角堂求世菩薩』をめぐって――」(『人文研究』二七―九、一九七五年)
和田修「山本角太夫――伝襲と創造――」(岩波講座『歌舞伎・文楽　第七巻・浄瑠璃の誕生と古浄瑠璃』第二部Ⅳ、一九九八年)
守屋毅「初期歌舞伎の禁令」(『中世日本の歴史像』、創元社、一九七八年)
高野正巳『近世演劇の研究』(東京堂、一九四一年)
正木ゆみ「西鶴『しゃれ物語』をめぐって――浄瑠璃『暦』の再検討――」(『京都語文』二、一九九七年)
正木ゆみ「『世継曽我』廓場考」(『女子大国大』一二五、一九九九年)
高野正巳「恋慕の浄瑠璃と道化――延宝期加賀掾の作品を中心に――」(『語文』第五二輯、一九八九年)

正木ゆみ「宇治座の浄瑠璃と江戸歌舞伎との交流――初代中村七三郎との関連を中心に――」(『近世文芸』五八号、一九九三年)
正木ゆみ「『兼好法師物見車』小考――衛士の又五郎をめぐって――」「『兼好法師物見車』小考(補遺)」(『演劇研究会会報』第二二・二六号、二〇〇〇年)
井上勝志「『難波染八花形』上演年代をめぐって」(『近松の三百年』、和泉書院、一九九九年)
和田修「元禄期の宇治座と竹本座」(『演劇研究会会報』第二一号、一九九五年)
井上勝志「歌舞伎・加賀掾・近松」(岩波講座『歌舞伎・文楽　第八巻・近松の時代』第二部II、一九九八年)
鳥越文蔵編『歌舞伎の狂言』(八木書店、一九九二年)
山田和人「人形・からくり」(前掲『歌舞伎・文楽　第八巻・近松の時代』第四部II)
信多純一「宇治加賀掾年譜」(古典文庫『加賀掾段物集』、一九五八年)
林久美子「浄瑠璃の歌舞伎化――岩瀬文庫本『源氏供養』をめぐって」(『浄瑠璃の世界』、世界思想社、一九九二年)
信多純一「山本角太夫について」(古典文庫『古浄瑠璃集　角太夫正本・一』、一九六一年)
阪口弘之「加賀掾・土佐掾」(『講座元禄の演劇　元禄文学の開化III』、勉誠社、一九九三年)
安田富貴子「近世受領考」(『古浄瑠璃正本集』第六、角川書店、一九六七年)
川端咲子「加賀掾没後の宇治一派――加賀掾の門弟を中心に――」(『演劇研究会会報』第二四号、一九九八年)
川端咲子「四条道場芝居考」(第三八回芸能史研究会大会発表)
〔挿図〕
図1　『京雀』巻第六(新編稀書複製会叢書『名所案内記・古板地図』、臨川書店、一九九〇年)

図2　『古浄瑠璃正本集　加賀掾編・第一』（大学堂書店、一九八九年）
図3　『古浄瑠璃正本集　角太夫編・第一』（大学堂書店、一九九〇年）
図4　『古浄瑠璃正本集　加賀掾編・第二』（同右）

勧進橋（銭取橋）と新選組武田観柳斎の斬殺

ＪＲ京都駅八条口の東側を通る東洞院通を南下すると、伏見区竹田を経て伏見にいたる竹田街道になる。竹田街道が鴨川を渡る橋が、勧進橋である。勧進橋を渡ると、南区から伏見区に入るが、かつてはこの橋を市電中書島線が走っていた（京都新聞社編『史跡探訪京の七口』）。

さて、勧進橋は江戸時代には銭取橋と呼ばれ、寛永一〇年（一六三三）には架橋されていた。その名称の由来は、竹田村の百姓が銭取橋の架橋を願い出た、寛永一〇年一一月二一日付口上に、次のようにあることからわかる。すなわち、これまで鴨川筋油小路通川越場は、芝土俵をもってとりつくろい往来してきたが、鴨川の出水ごとに往来が難儀なので、竹田村で板橋を架け、橋詰に小屋を作って橋守を置き、往来の人から一銭ずつの勧進銭を取りたい、というのである（「奥田家文書」、京都市編『史料京都の歴史16伏見区』三二八頁）。すなわち銭取橋は、竹田街道の通行人から一銭ずつの銭を取ることで、維持された橋なのであった。また、勧進橋は、別に会姓寺橋《かいしようじ》とも呼ばれた。

幕末の元治元年（一八六四）七月、池田屋事件に激怒した長州藩兵による報復（いわゆる

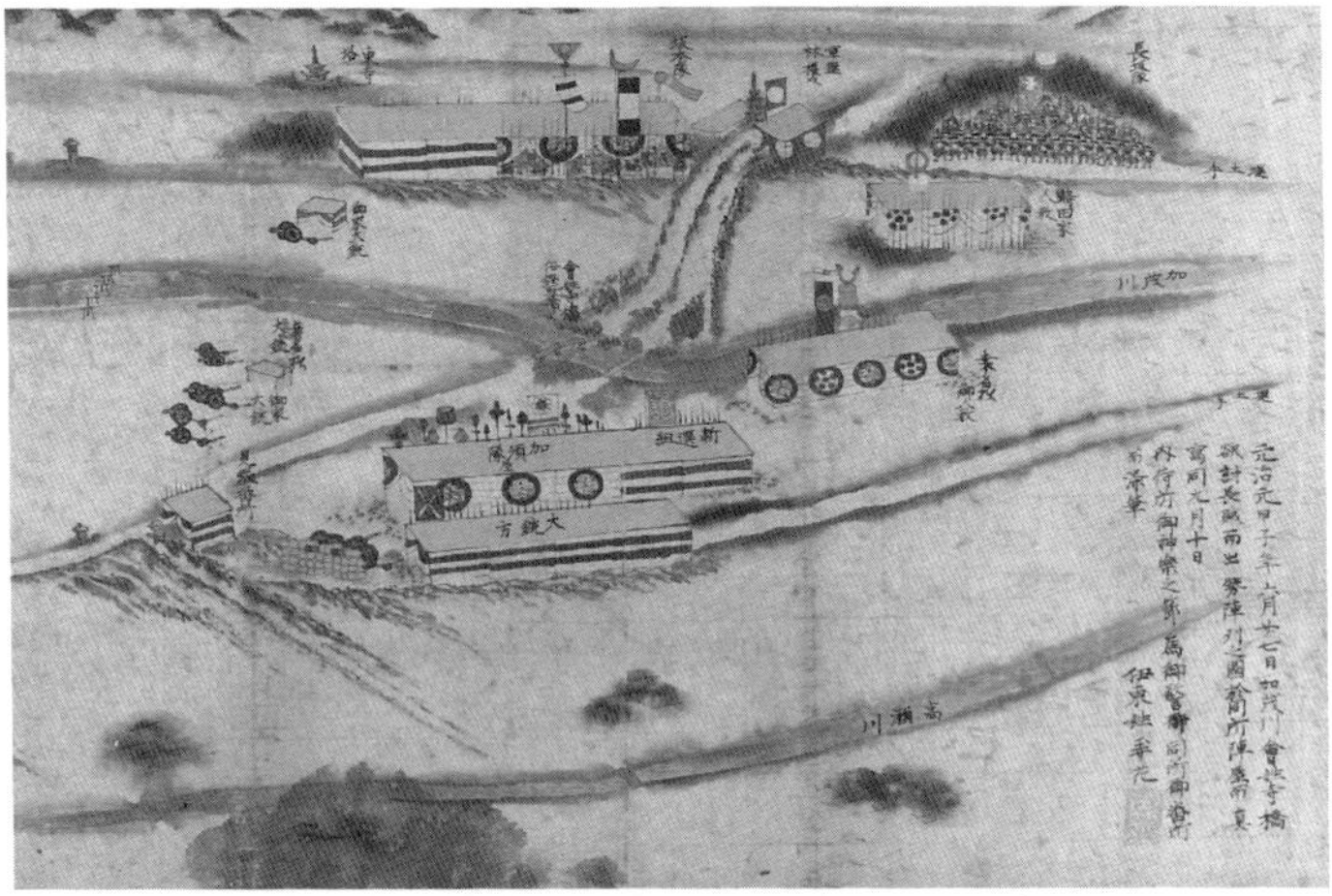

加茂川畔会津藩警備図

禁門の変）に備え、幕府諸隊が鴨川の九条河原に出動した際に、新選組が布陣したのが銭取橋下である。会津藩士伊藤弄花がこの時の幕府諸隊の布陣を描いた「幕府諸隊宿陣図」（「加茂川畔会津藩警備図」）には、新選組の陣地や隊旗が描かれるとともに、板を連ね、橋脚もある銭取橋（同図には、「会姓寺橋、俗銭取橋云」と記されている）も描かれている（新人物往来社編『新選組大事典』の「銭取橋」の項、同図の写真は、菊地明・伊東成郎・山村竜也『写真集新選組散華』五六頁に掲載）。

　さて、慶応三年（一八六七）六月二二日、新選組五番隊組長であった武田観柳斎は、この銭取橋の上で同じ新選組隊士の斎藤一によって斬殺されている。新選組が屯所とした西本願寺の侍臣・西村兼文が自身の見聞にもとづいて記した『新撰組始末記』（新人物往来社編『新選組史料集』所収）には、武田観柳斎の斬殺事件を、一年早い慶応二年九月二八日のこととして、次のようにその経緯が記されている。

武田観柳斎は、もと出雲国母里藩の医生で、甲州流の軍学に通じ、文才もあったので、新選組入隊後は軍学師範として重用され、軍師のごとく取り扱われた。その結果、武田は自負に誇り、奸策による金策をも行ったが、新選組がフランス流洋式の銃隊を採用し、古流の兵学が廃《すた》れるにおよんで、武田の威勢も次第に落ちてきた。武田はこのことに不平を抱き、新選組でも尊皇攘夷派（反近藤勇・土方歳三派）であった伊東甲子太郎に近づこうとしたが、伊東も武田の平素の行状がよくないことを看破して、信用しなかった。そこで彼は、密かに薩摩藩への接近を行った。

ところが、武田が薩摩藩に出入りしていることが、武田に恨みを抱く隊士が近藤勇に密告したことによって、露見した。近藤は武田を呼んで酒宴を催した。武田は針の筵《むしろ》に坐る心地がしながらも、薩摩藩の内情を密かに探るために接近したと言い訳した。酒宴が夜分におよんで、近藤は、道路の用心のため伏見の薩摩邸まで見送らせようと、斎藤一・篠原泰之進を同伴させた。もとより、近藤は二人に武田暗殺の密意を含ませている。

近藤派の斎藤は、新選組中、一、二の剣客である。一方、篠原は伊東派で武田と親しかったので、武田を安心させるために近藤が同伴させたのである。武田も篠原は友人なので安心したが、斎藤には注意した。油小路から南に出て、三人は、武田・斎藤・篠原の順で鴨川沿いの田圃の道を進み、銭取橋にかかった。

漸々加茂川筋竹田街路土橋（俗銭取橋）へ掛リタル頃ハ、戌刻（午後八時――引用者）過ニテ往来絶ヘテ人カゲ見ヘズ。是ヨリ以南竹田村ニ出、本街道ニ掛リナバ、往来繁ク手ヲ下スニ煩ラハシケレハ、斎藤意ヲ決シ、仮橋ヲ渉ルヤ否、抜打ニ武田ノ背後ヨリ大袈裟ニ切ル。尋テ篠原モ一太刀切込ミタリ。武田、最初ノ深手ニ一言モナク即死ス。斎藤カラ々々ト打笑ヒ、武田ハ日頃ノ広言程ニモナクモロキ奴ナリト、其双刀ヲ奪ヒ、帰路互ヒニ心中ヲ明シ合ヒ、微笑シナガラ引取タルハ、親友ノ中頼ミガタナキ薄情、怖ルヘキ時勢ナリ。

すなわち、銭取橋を渡るや否や、斎藤は抜き打ちに武田の背後から大袈裟に斬った。ついで、篠原も一太刀斬りこんだ。武田は最初の深手で一言もなく即死した、というのである。西村兼文は、以上のように述べたあと、武田は新選組の除隊を許されたのだが、近藤の姦計に欺《あざむ》かれ、帰国の途中この難に遭ったとも述べる。三年前の禁門の変の際には木造の橋であり、橋脚も描かれていた銭取橋が、『新撰組始末記』では土橋とも仮橋とも呼ばれているのは、禁門の変で木造の橋が破却されたからであろうか。

西村の『新撰組始末記』で述べられた武田の驕慢なイメージは、それが西村自身の見聞にもとづくだけに広く流布し、新選組の古典である、子母澤寛『新選組始末記』では、武田の上層部におもねるおべっかな性格が強調されている。また子母澤は、武田が隊中の美少年の馬越三郎に男色の懸想《けそう》をし、困った馬越が、武田が薩摩藩に隊の機密を売っていることを近藤に密告したとも述べる（子母澤寛『新選組物語』）。しかしこれは、新選組でも芹沢鴨一派として近藤らに粛清された野口健司の頼越人（埋葬責任者）が、武田と馬越三郎の二人であることから思いついた子母澤の創作であろう。

以上の通説に対して、最近、尾張藩士が記録した『世態志』の慶応三年（一八六七）六月二二日条に、「油小路竹田街道ニテ元新選組武田某、肩先ヨリ大ケサニ切害ニおよび相果候。右、仕業人ハ新選組仲間とのよし」とあることに注目して、武田が殺されたのは西村や子母澤が述べる慶応二年九月ではなく、翌慶応三年六月であり、しかもこの時には正式に新選組を除隊していたことを主張する、菊地明氏の新説（伊東甲子太郎は、慶応三年三月に孝明天皇の御陵衛士として新選組から分離しており、武田の殺害が慶応二年ではなく、翌三年ということになれば、伊東とともに御陵衛士として新選組を離れていた篠原が、武田暗殺の下手人ということはあり得ないことになる）が出されている（菊地明「武田観柳斎――竹田街道銭取橋で殺害された新選組隊士」、同『新選組の舞台裏』、『世態志』原本の当該記事の写真は『写真集新選組散華』九四頁に掲載されている）。

菊地氏は、武田にはその遺骸を引き取りに来た三人の同志があり、彼らが新選組の追跡を受けて枚方で切腹していることや、武田に通じた善応という僧（久世郡久我村の百姓宗右衛門の倅）が六月二七日に醒ケ井通松原下るで新選組に斬られたことにも注目して、武田の除隊は、ただ帰国するためというよりも、伊東と同じく、尊皇攘夷派であった彼が、新選組から分離し、討幕運動を企図してのものとしている。

菊地氏の新説は、おべっか使いの武田が、隊内での自分の地位が変化したことに対する不平から、薩摩藩に接近しようとして暗殺されたとする、従来のマイナスイメージとしての武田像を、新史料によって一新することを企図したものといえよう。しかし、武田の殺害の年次や、菊地氏が企図した武田の復権はともかくとして、氏が紹介した新史料でも、武田殺害の場所が銭取橋であることには変わりはないであろう。

武田が殺害されたのが銭取橋であったのは、鴨川に架かるこの橋が京都の境界と意識されたからであろう。銭取橋を渡ると、旧平安京域も含む東九条村から、伏見奉行所支配下の竹田村になる。京都から外に出る前に事を決したいという、斎藤一の気持ちが、銭取橋を暗殺場所に選ばせた、といえるであろう。また、武田の側からするならば、除隊して帰国しようとした彼は、この橋を渡ることによって、京都における新選組との縁が切れるのである。その一歩手前ともいうべき境界の橋上で、武田は暗殺されたのであった。

幕末の数少なくない暗殺事件の一齣にすぎない、といってしまえばそれまでであるが、通行人の一銭の勧進によって維持されたこの橋には、このような血塗られた歴史も秘められているのである。

（細川涼一）

〔参考文献〕
京都新聞社編『史跡探訪京の七口』（京都新聞社、一九七五年）
京都市編『史料京都の歴史16伏見区』（平凡社、一九九一年）
新人物往来社編『新選組大事典』（新人物往来社、一九九四年）
菊地明・伊東成郎・山村竜也『写真集新選組散華』（新人物往来社、一九八八年）
『新撰組始末記』（新人物往来社編『新選組史料集』新人物往来社、一九九三年）
子母澤寛『新選組始末記』（中公文庫、一九七七年）
子母澤寛『新選組物語』（中公文庫、一九七七年）
菊地明「武田観柳斎——竹田街道銭取橋で殺害された新選組隊士」（北原亜以子ほか『物語新選組隊士悲話』所収、新人物往来社、一九八八年）
菊地明『新選組の舞台裏』（新人物往来社、一九九八年）
〔挿図〕　会津若松市蔵（部分）

Ⅳ 近代

中扉写真：昭和10年大洪水で流失する三条大橋。両岸堤防から完全に溢水し、地下化する前の京阪三条駅（手前左）が濁流に洗われている。手前右の大橋東詰に、昭和３年の天皇即位大礼記念に作られた高山彦九郎像がある。

昭和一〇年鴨川大洪水と「千年の治水」

横田冬彦

昭和一〇年鴨川大洪水の規模と被害

昭和一〇年六月二九日の朝、時間雨量三〇~五〇ミリの雨中、ごおっという雨の音と傘がめりこみそうな雨の圧力を感じながら、北大路通から植物園に渡ろうとすると、いつも渡る橋は既になく、道路の水も膝にまで達してきて水防警官から帰宅を命ぜられた。当時の小学校や中学校では暴雨風でも事前に学校から休校を通知されることはなく、前の年の昭和九年の室戸台風の最中でさえ登校したのに、この日はとうとう登校出来なかった。夕方上賀茂御薗橋の付近まで見に行くと、橋は既に流出し、左岸の橋の下流に並んでいた民家が一つまた一つ傾いたかと思うと濁流に呑みこまれて行った。右岸はと見ると当時は現在の半分の幅しかなかった今の加茂川中学付近の堤防が今にも切れそうになっている。ここを破られると濁水が堀川通を一気に流下して京都市の中央部が壊滅的打撃を受けるとあって、水防団だけでなく軍隊まで出動して加茂街道の美しい桜などの並木を惜し気もなく次々と切り倒して必死の補強を行っている。その夜は現場から一キロほどはなれた私の家でも洪水が川底を叩きつけるような音が一晩中ひびき、家がかすかに振動して恐ろしさに寝れなかったことを昨日のことのように憶えている。翌朝になって、あと三分の一になった堤防がやっと護り切れたことを知った。北大路橋の上流右岸の堤防もまた三分の一ほどが削りとられ、市内への洪水の流入が心配された。左岸の下鴨一帯は上賀茂の上流で溢流した水で一面水浸しとなったが、このため市の中心部が助かったともいえよう。

これは当時一三歳の少年で、のちに京都大学防災研究所所長となった中島暢太郎の回想である。北大路橋の流失、そして御薗橋付近の左岸堤防上の家屋流失、左岸溢水による下鴨一帯の浸水、そして右岸堤防が決壊寸前に軍隊の出動でくい止められたことなどが生々しく思い起こされている（「鴨川水害史(1)」）。

この昭和一〇年（一九三五）六月の鴨川大洪水は、鴨川の歴史にとって、その近世的なあり方が最終的に破綻し、近代的な防水対策が行われ、今日みる景観へと変わっていった、その決定的な転換点をなしたものである。しかも、京都測候所、京都大学理学部（京大地学研究所ほか）や各警察署などによる、気象データや被害の詳細な記録が残されたことで、近世以前の鴨川洪水がどのようなものであったかを知るうえでも、非常に重要な資料を提供することになったのである。これらの資料にもとづいて翌年一月に京都市土木局がまとめた『水禍と京都』や、同三月に京都市役所が刊行した『京都水害誌』などによって、まずこの洪水の実態をみておこう。

六月二八日深夜から二九日朝にかけて、梅雨前線にともなう集中豪雨がおそった。二八日午後一〇時からの日降水量二八一・六ミリも記録的であるが、そのうち二五八・六ミリが翌日午前一〇時までの半日で降り、しかもその間、一時間に最高四七ミリに達するような集中的な豪雨が断続的に四回襲っている（図1）。

図１　６月28日～29日の時間あたり降雨量

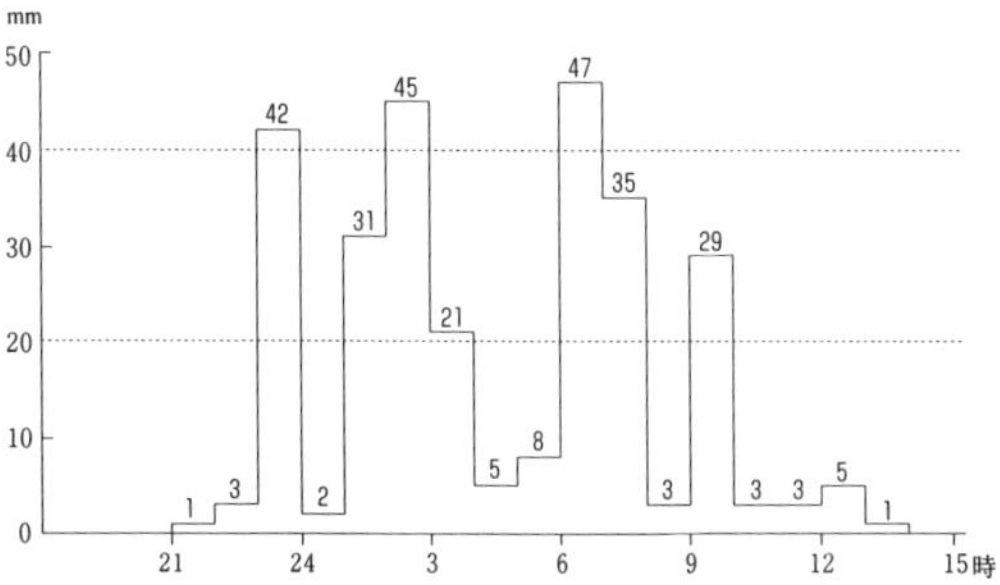

鴨川の増水は、御薗橋付近では二九日午前六時頃にピークをむかえ、下鴨付近で午前七時頃、出町から七条にかけては午前八時～一〇時頃と順次下流へ移っていくが、その最高水位は北大路付近で一〇尺（三・三メートル）、三条で一三・六尺（四メートル）、四条で一七尺（五・一メートル）、五条・松原付近で一二尺（三・六メートル）と、ほぼ全域で三メートルを越え、四条付近が最も高く五メートルを越えていた。その濁流の強さは、奈良線のコンクリートの橋脚が流失して線路の橋桁が宙吊

図２　昭和10年洪水の被害状況

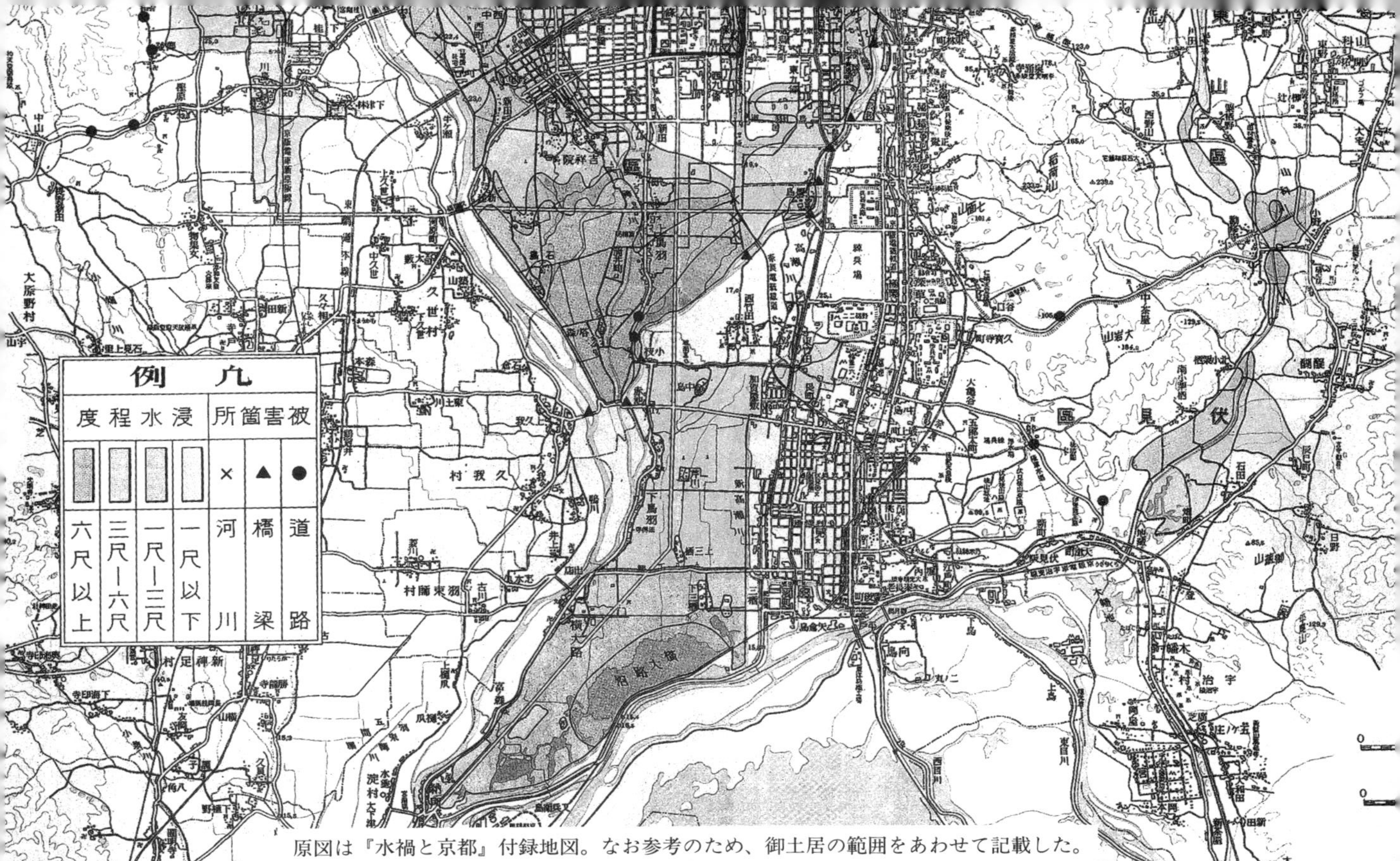

原図は『水禍と京都』付録地図。なお参考のため、御土居の範囲をあわせて記載した。

り状態になったことでもわかる。

　このため上賀茂橋、北大路橋、高野橋、三条大橋、四条大橋付近などでは、特に「流材、流樹の橋梁堰」、つまり流木などが橋につかえて堰のような状態になり、増水した水が堤防上から溢れた（中扉写真参照）。溢れた水は上賀茂で五〜六尺（一・八メートル）、下鴨で四〜八尺（二・四メートル）、木屋町・先斗町で五尺（一・五メートル）、河原町松原で四尺（一・二メートル）の浸水高を記録した。高野川筋では、八瀬で午前六時頃に最高水位となり、谷間であるため浸水高は八〜九尺（二・七メートル）に達している。人の背丈が完全に水没する状況である。

　京都市西部に目を転じると、紙屋川＝天神川筋と御室川筋では、各所で堤防が完全に決壊してしまっており、花園駅前で八尺（二・四メートル）の浸水を記録する。桂川筋は増水ピークがやや遅れるが、桂付近では正午〜午後八時頃まで最高水位一・五メートルを越えており、西京極付近では三尺（〇・九メートル）の浸水を見た。『水禍と京都』に添付された被害地図（図2）を見ると、西部地域では、御室川などからの浸水と桂川左岸の決壊による浸水が複合した形で、また南部地域では、それに鴨川・高瀬川からの浸水が合わさって、ほぼ全域が泥海状態であったことがわかる（図3）。また鴨川筋が二九日夕刻には退水をみたのに対し、西の京太秦《うずまさ》や上鳥羽においてはまる一昼夜、三〇日朝まで滞水が引かなかった。

　また、この被害地図によれば、堀川筋でも、上京区の小川通から舟橋付近で三尺（〇・九メートル）以上の浸水を見ているほか、三条以南でも同様に浸水していることがわかる。市中は浸水が表示されていないが、本文には「市街中央に於てすら全く河中にある如く河水滔々街路を流下し、市民の阿鼻叫喚喩《たと》へんに物なく避難者右往左往、水中に没して救を求むるあり、階上に叫ぶあり」とある。また退水後も、「濁水は減水と同時に多量の泥土を置き去り、床上床下沈積せる

図３　左下が鴨川とそれにかかる鳥羽大橋。国道一号線は完全に冠水し、一面海のごとき状態であった。中央、孤立した鳥羽村では軒先あたりまで、２メートル近い浸水が確認される。

図４　四条通を祇園方面からみたところ。右手に菊水ビル、左手に南座がみえる。

図５　1.5メートルの浸水をみた先斗町の退水後の状況。濁流によりもたらされた泥土、雑物の堆積（６月30日午前)。

図６　御薗橋下流右岸堤防。江戸時代以来、二重堤になっていて、最も分厚い堤防であったが、その三分の二が濁流で流失していた（６月30日午後２時)。

土砂の為めその悲惨なる状言語に絶すと云ふべく」と記され、当時の記録写真からもそれらが決して誇張でなかったことが知られる（図5）。全半壊ないし流失戸数六〇〇余、浸水戸数五万余、浸水面積は一一〇〇余万坪で全市面積の二七％、また農耕地の浸水は三七八八町歩に達した。死傷者は一六〇余人、罹災者十数万人に達した。河川堤防決壊箇所二八四カ所、三条大橋・五条大橋をはじめ、実に五七の橋梁が流失し、一部破損を加えると八六橋、ほぼ九割におよんだ。ちなみに、この時、三条大橋の擬宝珠《ぎぼし》一八個のうち四個が流失。五条大橋のそれは殆んどが失われ、わずかに大阪湾や淡路島岩屋に漂着したものが現存している。

このような状況の中で、御薗橋から鴨川・高野川合流点の出町付近にかけての右岸堤防が、左岸が溢水するほどの増水があり、堤防上の家屋が流失し、堤防の三分の二が流失していた(図6)にもかかわらず、午後一一時には軍隊が出動し、「軍官公市民一同決起し、殊に軍隊、消防組、青年団等徹宵修復水防の陣を張り」、桜並木を伐木してまで守られた。そのことがいかに決定的意味を持つものであったかは、被害地図(図2)をみれば一目瞭然であろう。

先の中島少年の回想はもとより、賀茂堤防が「本市の安危を託し、旧都の生命を扼する一線であって、一度び不幸破堤せんか、全市一瞬にして泥海と化する」という当時の人びとの危機感は、まさに現実のものだったのである。

また、被害地図をみると、鴨川と桂川の合流点の小枝《さえだ》橋量水標が四メートルの最高水位に達していたにもかかわらず、西竹田村付近だけが浸水していないことがわかるが、これも、鳥羽離宮と陵墓を守るために出動した軍隊によって「竹田方面に於ても堤防片方面流失し危機一髪の処で僅かに止め得た」ことによる。

この昭和一〇年鴨川洪水のデータをはじめ、最近一〇〇年間の（京都測候所による観測が始められてからの）鴨川洪水の気象学的要因を検討した中島暢太郎は、鴨川洪水の特性について次のように述べている（「鴨川水害史(1)」）。

①この地域では、台風による場合、前線による場合、いずれにしても、日降水量の六〇%以上が三時間以内に集中する度合いが九二%（沖縄は四二%）と、きわめて集中性が大きいこと。②鴨川の流域面積は二〇七平方キロあるが、本川上流が七三平方キロ・高野川が七〇平方キロと山地部がその半ば以上を占めており、しかも河川勾配は、平地部の平均二〇七分の一に対し、本川上流が三〇分の一、高野川が五〇分の一と、「流域面積の半ば以上を占めている山地部の平均勾配が大きいのと、流域面積全体がせまいことから、降雨のピークと市内の最高水位の時間差は一～二時間程度である」ことが指摘されている。集中豪雨になりやすく、しかもそれが一気に増水を引き起こす。日頃は歩いて渡れるのに、豪雨時には水位が五メートルにも達するという、鴨川洪水の特性が明らかである。付け加えるならば、平地部の勾配が急に緩やかになることは、日常的に土砂の堆積をうながし、河床が上昇しやすいことも指摘できるであろう。

また地形的には、一メートル近い浸水をみた堀川筋の小川・舟橋付近が、鴨川扇状地の湧水部にあたっていることも注目されよう（横山卓雄「京都盆地の自然環境」。なお横山は、堀川は「その源流が京都盆地内にあり、決して家屋を流出させるような大洪水を起こさなかった」とも述べるが、事実はそうではない）。

さらにいえば、この一〇〇年間では、昭和一〇年を越える豪雨が昭和三四年（日降水量二八八・六ミリ）にもあり、一〇〇年に一、二度はありうる豪雨だといえる。しかも一般に「暖候期に上空に寒気が入れば大気が不安定になって雨量が多く」、夏季が寒冷であると低気圧が発生しやすいことが知られている。現在に比べ、寒冷期であったといわれる、一五～一六世紀・一八世紀頃にはより多かったであろうことが推測される。

こうした指摘をふまえると、後白河法皇の嘆きもむべなるかなと思われよう。「鴨川の水」は確かに氾濫しやすいのである。

洪水の時代としての室町時代

ここで、〈近世〉の一二六～七頁でもとりあげられた、天正六年（一五七八）五月の洪水に関する『信長公記』の記事をもう一度とりあげよう。

……賀茂川・白川・桂川一面に推《お》し渡し、都の小路々々、十二日十三日両日は一つに流れ、上京舟橋の町推流し、水に溺れ、人余多《あまた》損死候なり。村井長門新しく懸けられ候四条の橋流れ、か様に洪水にて候へども……御舟にても御動座（出陣）なさるべきかの儀を存知し、淀・鳥羽・宇治・真木の嶋・山崎の者共、数百艘、五条油の小路迄櫓櫂を立て参る。

この「賀茂川・白川・桂川……一つに流れ」や、淀から五条油小路まで舟が遡上した記事などは、従来かなり誇張を含んだものと考えられてきた。

また〈中世〉の八一頁にあげられた、天文一三年（一五四四）の洪水では、山科言継が日記に克明に記録している（『言継卿記』）。「洛中洛外以外《もつてのほか》洪水……小川・船(舟)橋等家多く破れ流れ、人多く死す……四条大鳥居流失し、四条・五条橋落つ」「賀茂末社・貴船社悉《ことごと》く流れ」、禁裏御所も、御門の前で五尺（一・五メートル）の浸水があり台屋・中間まで水没し、廻りの堤・築地を切り落としてようやく退水したという。そしてここでも、「和泉堺の船、東寺之前に付く」とあり、『厳助往年記』にも東寺南大門に舟が着いたことが記されている。

①白川・賀茂川・桂川などが同時に氾濫したこと、②「洛中の小路、大川の如く」流れ、家屋が流失し、多くの水死者を出したこと（浸水位は市中で一・五メートルに達する）、③四条橋・五条橋などが流失したこと、④堀川筋の上京舟橋・小川付近の浸水が特記されていること、⑤比叡山や鞍馬寺・貴船社など山地部での土砂崩れなどがあったこと、そして⑥淀川から東寺付近（さらには五条油小路）まで舟が遡上できるほどの洪水であったことなどは、昭和一〇年洪水の被害状況をあわせ考える時、賀茂堤防がほとんど体をなしていなかった当時であれば、決して誇張ではなく、十分に正確に実態を記録しているものといえるだろう。

この他、永禄七年（一五六四）洪水の「東西（鴨川・桂川）共大洪水云々」という史料もあり（『言継卿記』）、室町・戦国期には、天文・永禄・天正とほぼ数十年に一度の割で、昭和一〇年級の洪水に襲われていたとみてよいであろう。折しも北半球は寒冷期にあたっていた。

御土居型治水の意義と限界

ところで図2には、昭和一〇年洪水の被害地図に、豊臣秀吉が天正一九年（一五九一）に造った御土居《おどい》の範囲を重ねてあるが、御土居が、まさにこうした室町期の水害状況に対応した水害対策であったことが明らかである。北半部の鴨川・天神川にそった堤防はもとより、東寺を南限とする南半部もまた、鴨川・桂川の合流点にいたる洪水への対応であることは明白である。特に出町以北の鴨川右岸が、はね堤をもつ二重堤防になっていたことは（元禄御土居絵図）、その重要性を示すものであろう。天正六年洪水の時、秀吉自身は播磨に出陣していて直接見たわけではなかったが、御土居の構造や大きさ、位置が、人びとの一三年前の洪水の記憶にもとづいて設計されたのはほぼ間違いないと思われる。

こうして、秀吉による御土居築造と、江戸幕府による寛文石垣堤によって、少なくとも五条以北の洛中への氾濫・浸水はほぼ食い止められるようになった。その意味で、これを鴨川洪水における中世から近世への根本的な転換点として評価することができよう。近世の京都が、繁華な町屋が建ち並ぶ、三〇万人以上の大都市となっていく（例えば、舟木本・池田本の洛中洛外図屏風）のも、この洪水対策による都市基盤整備の意義が大きい（横田「城郭と権威」）。

しかし、これによってすべてが解決したわけではない。気象的・地理的条件が変わらない限り、洪水そのものは数十年に一度くらいは定期的に起こっていたから、たとえ堤防によって洛中への浸水は免れたとしても、そのたびに橋は流失し、架け替えられねばならなかったからである。架橋部の護岸を堅固な石垣にし、「公儀橋」として石柱の橋脚をもっていた三条・五条大橋でさえ、江戸時代を通じて何度も架け替えられていたのも、そのためである。

また、「近年加茂川筋暴雨のたび毎に、土砂の流れ出る事夥《おびただ》しく、次第に川床高く、所々に附《つき》洲《す》出来て」（『都のにぎはい――四条橋新造之記――』）といわれるように、土砂の堆積と河床の上昇が構造的な問題となっており、幕末の嘉永五年（一八五二）七月・八月の洪水では、三条・五条橋が落ち、さらに左岸が溢水して、「聖護院村以下二条新地、南ハ白川筋迄一円に暴漲し」、また右岸でも「高瀬川迄も急水溢れ、その余波五条橋下に至り、六条七条新地の家々を浸し」と、あらたな対策を必要とする段階にいたっていた。この嘉永の洪水を契機に「加茂川両川添町々」の相談で「河浚《かわざらえ》」が願い出られ、安政三年（一八五六）、洛中洛外町々から毎日数千人が出て「附《つき》洲《す》浚《ざらえ》」が行われ「両岸の堤を高く築揚げ、川の中央を深く掘らしめ」、つまり流路の開削と堤防の嵩《かさ》上げ工事が行われたのである（同上）。

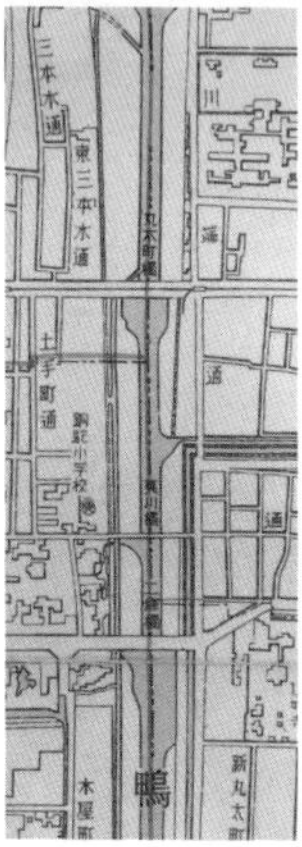

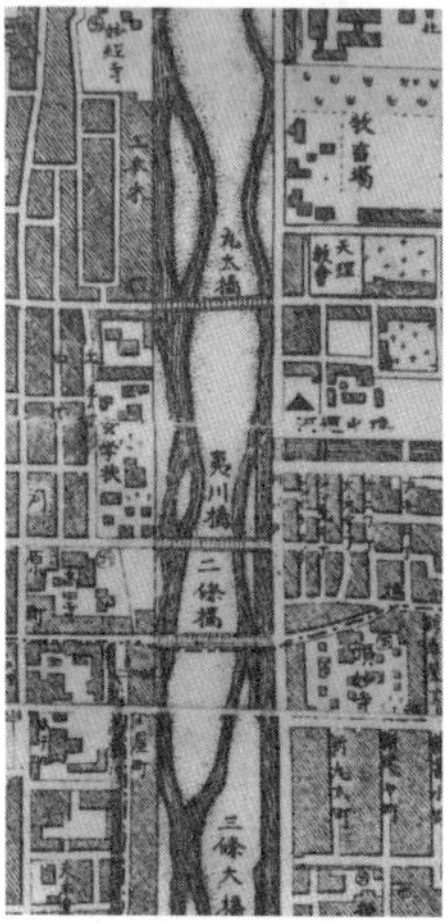

図7（上）　明治初年の頃の鴨川。対岸に見えるのは丸太町橋南にあった舎密局の建物。
図8（右下）　明治35年の京都市実地測量地図の鴨川（同地域付近）。蛇行する複数の流路と付州・中島などがある。
図9（左下）　昭和15年の京都市街図の鴨川（同地域付近）。丸太町橋から右岸に沿って細くみそそぎ川が分流され、本流部分は掘り下げられて直線の流路になっている。

しかし、そうした努力にもかかわらず、明治初年頃の写真（図7）や明治二八年京都市実地測量地図（図8）などをみると、土砂堆積による付洲があちこちにあって、流路の蛇行が顕著である。堤防を堅固にすればするほど土砂堆積による河床上昇を招くという、このような御土居型治水の矛盾と限界が解決できないままであったことが、昭和一〇年洪水にいたる状況だったのである（なお堀川の改修だけは前年の昭和九年六月に終わっていた）。

『都のにぎはい』と『京都市水害誌』の歴史観

ところで、これまで引用してきた京都市土木局の『水禍と京都』と京都市役所の『京都市水害誌』には、附録として、古代以来の史料にみえる鴨川洪水の事例をあげた「京都洪水記録」年表と、それについての考察「鴨川水防史」が付されている。

このように防水対策を一定の歴史的視野においてみていこうとする態度は、すでに安政四年（一八五七）に奥田正逵が著した『都のにぎはい――四条橋新造之記――』にもみられるところである。ここでの奥田の意図は、鴨川の洪水と三条・四条・五条橋の略史を述べて、これまでが歴代為政者の「実に有難き、上の御恵にて」行われてきたのに対し、前述した安政の鴨川の川浚と四条新橋の架橋が、祇園社氏子町や洛中洛外の人びとなど民間の手によって行われたことを強調し、「今より後、加茂川筋ながく洪水の溢るゝ事なく、此橋の往来ます〳〵盛なるべし」と述べることにあった。

また、奥田は古記録から引用した三条・四条・五条橋の史料原文を付載し、さらに三条橋について秀吉架橋以前の史料が見えないことを述べて「博古の諸君訂補し給はんことを深く希《ねが》ふ」と述べ、その実証的態度を明らかにしていた。

『京都市水害誌』などの附録は、古代以来の諸記録から網羅的に一六四例を摘出した点で、その実証的態度を引き継いでいる。しかし以下のように歴史上の水害を昭和一〇年のそれに対比させようとした点に大きな違いがある。すなわち、『室町殿日記』『下京古町之記』によって永禄年間の水害を示し、秀吉の御土居について「この工事に於て出町から上賀茂大宮口間は特にその工法に於て最善を期したものの様であるが、この区間は永禄の経験よりして御所を護る生命線であるが為である」とし、さらに、昭和一〇年洪水での軍隊の出動、「官民一致協力」をとりあげ、若《も》しあの際に賀茂堤の決潰せんか水は永禄の大水害の如く柳馬場を一直線に現在皇居の地を浸すべく、又竹田に於て決潰せんか御陵墓を浸せし事と察せらる。この他至る所皇室に御縁故深きものが存在するから、歴代皇室の御庇護により今日ある京都市民としてはその罪万死に値すべく、又日本国民として、実に恐懼措《お》く能《あた》はざる所と云はなければならぬ。

という。さらに『水渦と京都』では本文に「皇室と京都」の章を設け、「皇室御関係並重要建物分布図」を付してその対策の緊要性を訴えるところに、当時の時代的状況がうかがわれる。

「千年の治水」

昭和一〇年六月の大洪水の前年九月にも、京都は室戸台風によって甚大な被害を蒙っていた（淳和・西陣・八幡・朱雀第七・山階・下鳥羽・上鳥羽・西院など一三の小学校を全半壊させ、死者一八五人の大半は児童であった)。このときの「水源林の損傷」が洪水の「副因」ともいわれる(『京都水害誌』)。また一〇年八月一一日にも、二一三ミリの豪雨によって再び御室川・天神川が決壊し、大きな被害を出した。

この連年にわたる大被害を蒙ったことで、「千年の治水」と呼ばれる、鴨川治水の根本的な改造が求められ、さらに御室川・天神川をはじめ、西洞院川など支流一九河川も含めて、大改修計画が立てられた。具体的には、①高野川改修では、八瀬にいたる両岸、総延長五二三四メートルの急曲部の緩和、幅員の拡大、護岸の補強。②鴨川改修では、桂川合流点までの一七、八九一メートルの河状を是正し、両岸堤防の間の河原の中に本流部分のみ直線的に河床をさらに一・五メートル掘り下げ、つまり川の中にもう一つ川をつくる複断面として水量の疎通をはかり(前掲図8と9を比較されたい)、また三条・五条間は川幅拡幅のため京阪電気鉄道の軌道を地下化すること。③天神川と御室川については、両川を合併させて桂川へ落とすこととした。また、これらが皇室関係施設の保護を最大の名目として行われたことは、すでに述べたところである。

さらに、鴨川発電所や洛西工業地区造成などもふくむ「大京都振興計画」が構想され、昭和一四年には大京都振興審議会が設けられた。

しかし昭和一二年に日中戦争が勃発、太平洋戦争に突入し、戦時体制が強化される中で、河川の応急改修を除いて、昭和一八年に計画はすべて中止せざるをえなくなった。その河川改修も一応の完成をみたのは、戦後の昭和二二年であった。現在の鴨川の両岸の堤防は、ほぼ御土居や寛文堤以来のものであるが、その本流河道を掘り下げて、今日の姿の基を作ったのは、このときの改修工事である（京阪電車の出町柳駅までの地下化が完成したのは平成元年）。

これらの改修によって、鴨川の景観も大きく変わった。かつて三条・四条間の河原には付州・中島があり、夏になると何十という床几《しょうぎ》が並べられ、荒い竹垣で店ごとの仕切りがされた。陽が落ちると両岸にある各店から敷物が敷かれ、茶や煙草盆が出され、行灯《あんどん》の灯がともった。茶屋・料亭の出店のみならず、氷・西瓜《すいか》・甘酒・心太《ところてん》、あるいはポッペンなどのガラス細工の店が並び、曲馬・軽業・見世物・犬芝居や猿芝居の小屋、そしてメリーゴーランドやワイヤスライド（櫓の上から二五メートルほどのワイヤを張り、ブランコで空中滑走させる）などが出たという（『京の三名橋』中）。

そうした河原納涼の風景は、まず明治二八年に、鴨川運河（鴨川左岸に平行して、第一疏水と伏見をつないだ）が開通し、次いで大正四年に、京阪電車が五条止から三条まで左岸堤防上に延長されたことで、左岸側から河原へ降りられなくなり、さらにこの改修によって付州が消滅することで、最終的に消えたのである。現在、右岸の内側に細く分流されたみそそぎ川の上に出る、納涼の高床は、その代替物といっていいだろうか。

三条・四条・五条大橋の近代化

昭和一〇年の洪水で流失ないし大破した橋（図2の▲マーク）を北から示す（カッコ内は無事だった橋である）。

［高野川筋］三宅橋、花園橋、松ケ崎橋、高野橋、御蔭橋、河合橋

［鴨川筋］御薗橋、上賀茂橋、（北山大橋）、北大路橋、（出雲路橋）、出町橋、（賀茂大橋）、荒神橋、丸太町橋、夷川橋、二条大橋、三条大橋、（四条大橋）、団栗橋、松原橋、五条大橋、正面橋、七条大橋、塩小路橋、東山橋、陶化橋、勧進橋、水鶏橋、鳥羽大橋、小枝橋、京川橋

［桂川筋］（渡月橋）、松尾橋、上野橋、（桂橋）、久世橋、久我橋

三条大橋は、江戸時代に何度か洪水で流失し、架け替えられた。明治一四年（一八八一）に架けられたものは長さ五六間、幅四間四尺であったが、大正元年（一九一二）に幅九間に広げて架け替えられた。この時、秀吉の時の石柱の橋脚がすべて取り替えられ、南北五本、東西一〇列で五〇本が新調された。また橋面は檜木造、両側に高さ八尺の欄干柱が一四本あった。この橋が昭和一〇年洪水で流失したのである（中扉写真参照）。

五条大橋も、江戸時代に五度架け替えられているが、鴨川と高瀬川の両方をまたぐ大橋梁で、中央の反りが高く、「虹のような橋であった」といわれている。明治政府になって、明治一一年

図10　明治７年に、はじめて鉄橋として架けられた四条大橋。対岸右手の大屋根は南座。

に、高瀬川の小橋とは分けて長さ四八間、幅四間二尺の板橋に架け替えられた時、擬宝珠がはずされ、洋風の白ペンキで塗装された。「槇村知事が洋風心酔より旧形を変じてペンキ塗の嫌らしきものとなせし」と新聞等にも書かれるごとく、市民の批判高まる中、明治二七年にもとの擬宝珠をもった五条橋に架け直された。八〇歳以上の高齢者夫婦五四組が渡り初《ぞ》めを行ったという。昭和一〇年洪水で流失したのはこれである。

一方、四条大橋の場合は、三条・五条大橋が「公儀橋」であったのに対し、江戸時代を通じて長く仮板橋であったが、安政三年（一八五六）に、「下古京宿老の人々、及び祇園神輿轅《ながえ》町氏子（二条通より松原通にいたる）町々、其外祇園町・同新地六丁まちの者共」の願い出によって、「川中へ四十二本の石柱を築立て、長さ五十間の橋板を敷わたし、幅三間、欄干付」で架橋された（前述した『都のにぎはい』の刊行はこれを記念したもの）。渡初式では、「花の魁《さきがけ》」として祇園新地の芸娼妓四〇〇人が参加した。さらにこれが破損すると、明治七年（一八七四）四月には、長さ五四間、幅四間の鉄橋が作られ、「くろがね橋」といわれた（図10）。これは下京第一五区の区民が区費一万六八三〇円をもって、伏水《ふしみ》製作所で製造した鉄造新橋を石柱の上に架けたもので、京都府はこの費用を貸付けたが、結局半額を償還させた（『京都府史料』）。さらに明治四五年には、市電開通のための拡幅の必要から、京都で最初の鉄筋コンクリートの大橋として架け替えられた（なお、明治二七年に疎水の第三隧道東口に架けられた日ノ岡の橋が、小規模ではあるが日本最初の鉄筋混土橋である）。昭和一〇年大洪水でも、この鉄筋橋は流失しなかった。

その他、御薗橋、葵橋、荒神橋、丸太町橋、二条橋、松原橋、正面橋、七条橋などが明治一〇年代に、多くは民間の寄付によって架けられた。官費によって行われるようになるのは明治三〇年代からといわれる（『京都の歴史』第八巻）。また丸太町橋・七条大橋には大正二年に、出町橋には昭和六年に市電が開通している。

昭和一〇年洪水で、四条大橋を除くほとんどの橋が流出し、鴨川改修工事で一応の復旧架設をみるものの、その後、各橋は欄干その他鉄材の戦時供出によって荒廃した。そして、戦後になって漸次架け替えが進むが、交通量の増大とともに、主要なものは永久橋化されていく。

現在の三条大橋は、幅一五・五メートル、長さ七四メートルで昭和二五年（一九五〇）に完成。欄干は檜材で、天正一八年（一五九〇）当時の擬宝珠を乗せ、昔日の風格を保っている。

現在の四条大橋は、昭和一七年に修造されたものであるが、戦時供出で木造となっていた欄干をとりかえるため、昭和四〇年に広く懸賞募集し、弱冠二一歳の田村浩による、きわめて現代的でありつつも伝統と調和したデザインで新調し、幅二四メートルに拡幅した。

五条大橋は、戦時中の昭和一九年、木造橋脚ながら橋面アスファルト舗装で復興されたが、欄干は旧形を残し、青銅製であった擬宝珠も特に供出を免れて残された。『京都の歴史』は「当時牛若丸・弁慶の伝説を偲ぶためか」と推測している。現在の五条大橋は、昭和三四年に、国道一号線を通すため、幅三五メートルの市内最大の鋼鉄橋として架け替えられたものであるが、一年余の論争の末、欄干は瀬戸内海の北木石《きたぎいし》を用い、擬宝珠はやはり正保二年（一六四五）以来のものが残された。

明治の文人島村抱月が、

四条大橋は洋式に改装中であるが、三条、五条の両大橋は新しいながら旧態を保存している。殊に三条大橋が好い。擬宝珠欄干つきで広々と大様に反を打たせたところは、横から見ても美しく、橋の手前から見ても美しい（「趣味の加茂川」）

と書いたのは、明治の末、あの大洪水の前であるが、三条・五条橋は、今日でもなお欄干・擬宝珠を復元して古風を保ち、一方四条橋には、現代的ではあるが伝統と調和したデザインの欄干が作られた。そこには、江戸時代に「公儀橋」であった前者と、民間によって維持され、そして「くろがね橋」が作られた後者との、それぞれの歴史性の違いが今なお息づいているといえよう。

そして同時に、現在の鴨川の景観には、千年以上にわたる、鴨川の洪水とそれを克服するための京都の人びととの歴史が刻まれているといえるのである。

〔参考文献〕

奥田正達『都のにぎはい――四条橋新造之記――』(『新撰京都叢書』第一〇巻)
『水禍と京都』(京都市土木局、一九三六年)
『京都市水害誌』(京都市、一九三六年)
田中緑紅『京の三名橋』上・中・下(緑紅叢書四六・四八・四九、一九六四・六九・七〇年)
『京都の歴史』第八・九巻(京都市、一九七五・七六年)
中島暢太郎「鴨川水害史(1)」(『京都大学防災研究所年報』二六―B二、一九八三年)
横田冬彦「城郭と権威」(『岩波講座日本通史』第一一巻、一九九三年)
横山卓雄「京都盆地の自然環境」(『平安京提要』、角川書店、一九九四年)

〔挿図〕

中扉・図2~6　『水禍と京都』
図1　「鴨川水害史(1)」
図7　『明治文化と明石博高翁』(田中緑紅編著、明石博高翁顕彰会、一九四二年)
図8　明治三五年京都市実地測量地図(『慶長昭和京都地図集成』、柏書房、一九九四年)
図9　昭和一五年京都市街図(同右)
図10　横浜開港資料館蔵

あとがき

一九九八年、パリのセーヌ川に架かるポン・デ・ザール（芸術橋）を鴨川の三条大橋と四条大橋の間に架けるという京都市の計画が、市民の間に大きな論争を巻き起こした。

京都は世界文化遺産を持つ世界歴史都市であり、鴨川の景観問題を論じるにあたっては、鴨川とそこに架かる橋の歴史がどのようなものであったのか、その歴史的景観を無視するわけにはいかないであろう。しかし、鴨川と橋の歴史をわかりやすく、かつすべての時代にわたって語った書物は、多くはない。

本書の刊行は、ポン・デ・ザール架橋問題を一つの契機とするが、その賛否を問うことを直接の目的とするのではなく、鴨川とそこに架かる橋の歴史を古代から近代まで通史的に叙述することで、鴨川と橋の歴史的個性を広く知っていただくことを願って編んだものである。古代には鴨川に橋は架かっていなかった。中世には四条橋と五条橋が架けられたが、これは此岸から彼岸の祇園社・清水寺に渡る橋としての宗教的意味あいが強かった。近世には橋は公儀の管理下に置かれたが、一方で町衆が管理する橋もあった。本書によってこのような鴨川の橋の歴史的変化をうかがうことができるであろう。

本書の執筆者はいずれも京都橘女子大学の教員であり、また、執筆者のほとんどは京都市民でもある。ひごろ京都を生活の場とし、京都の歴史や文学を研究テーマの一つとしている私たちにとって、京都の歴史的景観をめぐる問題に対して、私たちの持っている知識を提示し、発言することは、研究者としての責務だとも考えてきた。

鴨川の橋の歴史的景観というと、私には思い浮かぶ光景が二つある。いずれも、室町中期の寛正二年（一四六一）の寛正の大飢饉に際しての光景である。一つは、東福寺の禅僧、大極が四条大橋の上から鴨川の上流を眺めたところ、そこには飢饉で死んだ無数の屍《しかばね》が石の塊のように落ち、流水を塞いで腐臭が漂っていた、という凄惨な光景である。

もう一つは、飢饉で飢えた流民を救済すべく、粥の施行を行った時宗の願阿弥が、飢え死にする人を食い止めることができないで、力なく四条橋と五条橋の橋下に穴を掘って死者を埋めたことである。そもそも、橋下に死者を埋めた五条橋そのものが、願阿弥が民衆に寄付を募る勧進によって造営したものであった。

このように、鴨川とそこに架かる橋は、飢饉の中で無念のうちに死んだ人たちの最後をも、その歴史的景観のうちにそっと包み込んでいるのである。今日、その鴨河原にはカップルが集い、死者を埋めた河原は何も知らぬげにどこまでも明るい。暗と明を含めて、鴨川は京都に住む民衆の生活を眺めて流れてきたのである。その景観問題も、できるだけ多くの方がたで議論されることを願いたい。

本書が鴨川と橋の歴史と生活を、広く読者に知っていただく契機になるならば、執筆した私たちの喜び、これに優るものはない。なお、本書は企画から刊行に至るまで、思文閣出版の長田岳士氏・林秀樹氏・原宏一氏のお世話になった。記して謝意を表したい。

なお、本書の刊行に当たっては、京都橘女子大学より刊行助成金の適用を受けた。

細川涼一

二〇〇一年五月

◎鴨川に架かる橋◎

①山幸橋(さんこうばし)　賀茂川最上流にあり、橋の長さは最も短い。長さ二六×幅四・六(昭和二七年)。

②十三石橋(じゅうさんごくばし)　四五×一〇・五(昭和六〇年)。

③高橋(たかばし)　四三×一一(平成六年)。

④庄田橋(しょうだばし)　五二・二×四(昭和六三年)。

⑤志久呂橋(しくろばし)　五一×一五(昭和四九年)。

⑥賀茂川通学橋(かもがわつうがくきょう)　鴨川唯一の歩道橋。六〇×二(昭和五五年)。

⑦西賀茂橋(にしかもばし)　七八×一五(平成三年)。

⑧御薗橋(みそのばし)　上賀茂神社門前に架かっており、葵祭の行列は最後にこの橋を渡る。六九・八×一〇(昭和一二年)。

⑨上賀茂橋(かみがもばし)　七三・三×一二(昭和四六年)。

⑩北山大橋(きたやまおおはし)　ここから北大路橋までの賀茂川東岸には紅枝垂桜が美しい遊歩道「半木の道」が伸びる。八四×二二(昭和三七年)。

⑪北大路橋(きたおおじばし)　京の北の大動脈、北大路通に架かる。九六・六×二二・一(昭和八年)。

⑫出雲路橋(いずもじばし)　名前の由来は本文一一頁を参照。八〇×九・八(昭和五八年)

⑬葵橋(あおいばし)　河原町通がここで賀茂川を渡り、下鴨本通となる。七五×二二(昭和三五年)。

⑭出町橋(でまちばし)　八二・九×一二(昭和二九年)。

⑮賀茂大橋(かもおおはし)　賀茂川と高野川が合流する地点に架かる。一四一・四×二二・一(昭和八年)。

⑯荒神橋(こうじんばし)　京の七口の一つ荒神口に架かる。京大学生のデモ隊と警官隊が衝突した昭和二八年の荒神橋事件の舞台ともなった。一一〇×九・五(大正三年)。

⑰丸太町橋(まるたまちばし)　中央の歩道部分にはバルコニーが設けられている。九二×二二(平成三年)。

⑱二条大橋(にじょうおおはし)　観光・文教地区岡崎と市街を結ぶ。八四・六×一二(昭和一八年)。

⑲御池大橋(おいけおおはし)　御池通の終点。御池通には平成九年に地下鉄東西線が開通した。八二×二九(昭和三九年)。

⑳三条大橋（さんじょうおおはし）　本文二四四頁を参照。七四×一五・五（昭和二五年）。

㉑四条大橋（しじょうおおはし）　本文二四四頁を参照。六四・八×二四（昭和一七年）。

㉒団栗橋（どんぐりばし）　橋の東詰に団栗の大木があったのが名前の由来。六一・五×九・五（昭和三八年）。

㉓松原橋（まつばらばし）　豊臣秀吉によって五条橋が架け替えられるまでは、ここが五条橋だった。八三・六×五・九（昭和三四年）。

㉔五条大橋（ごじょうおおはし）　本文二四五頁を参照。六七・二×三五（昭和三四年）

㉕正面橋（しょうめんばし）　正面通に架かる。豊臣秀吉が造営した方広寺大仏殿の正面にあたるのでこの名がついた。七一・二×五・八（昭和二七年）。

㉖七条大橋（しちじょうおおはし）　市電開通の際にコンクリートのアーチ橋に架け替えられた鴨川でいちばん古い橋。八一・九×一七・四（大正二年）。

㉗塩小路橋（しおこうじばし）　八五・三×九・五（昭和二八年）。

㉘九条跨線橋（くじょうこせんきょう）　鴨川・琵琶湖疏水・京阪電鉄・JR奈良線を一気にまたぐ。四一八・三×一八（昭和八年）。

㉙東山橋（ひがしやまばし）　九条跨線橋の側道部。六八×五・五（昭和四五年）。

㉚陶化橋（とうかばし）　十条通に架かる。高瀬川がここで鴨川に合流する。九〇・九×二二（平成九年）。

㉛勧進橋（かんじんばし）　国道二四号線（竹田街道）に架かる。本文二一四頁参照。八八・八×一九（昭和二二年）。

㉜水鶏橋（くいなばし）　九四×八（昭和二九年）。

㉝竹田橋（たけだばし）　一〇三・七×三・三（昭和五五年）。

㉞鳥羽大橋（とばおおはし）　国道一号線に架かる。一一五・八×一八（昭和九年）。

㉟小枝橋（こえだばし）　明治初年、新政府と幕府軍が対峙し、戊辰戦争の発端となった鳥羽伏見の戦がここから始まった。一二三×二二（平成一〇年）。

㊱京川橋（きょうかわばし）　一一六×八・三（昭和二七年）。

※長さ×幅の単位はメートル。文末のかっこ内は架設年（主に京都市建設局の資料によった）。

京都市
北区
左京区
上京区
右京区
中京区
大文字山
岩倉長谷町
岩倉上蔵町
岩倉西河原町
岩倉木野町
岩倉村松町
静市市原町
西賀茂北山町
中川北山町
八瀬近衛町
八瀬秋元町
梅ヶ畑檜尾町
嵯峨大沢
山中町
新田

長岡京市
向日市
西京区
南区
伏見区
下京区
東山区
山科区
1: 25,000

執筆者一覧

門脇禎二（かどわき　ていじ）
1925年高知県生．京都大学大学院(旧制)．京都橘女子大学客員教授．
『日本古代共同体の研究』（東京大学出版会）『「大化改新」史論』上・下（思文閣出版）『飛鳥』『出雲の古代史』（日本放送出版協会）『地域王国とヤマト王国』上・下（学生社）

朝尾直弘（あさお　なおひろ）
1931年大阪府生．京都大学大学院博士課程修了．京都橘女子大学文学部教授．
『近世封建社会の基礎構造』（御茶の水書房）『鎖国』（小学館）『天下一統』（同前）『都市と近世社会を考える』（朝日新聞社）『将軍権力の創出』（岩波書店）

増渕　徹（ますぶち　とおる）
1958年栃木県生．東京大学文学部卒．京都橘女子大学文学部助教授．
『文化財探訪シリーズ　史跡を歩く』（共著，山川出版社）「『勘解由使勘判抄』の基礎的考察」（『史学雑誌』95編4号）

田端泰子（たばた　やすこ）
1941年兵庫県生．京都大学大学院博士課程修了．京都橘女子大学文学部教授．
『中世村落の構造と領主制』（法政大学出版局）『日本中世の女性』（吉川弘文館）『日本中世女性史論』（塙書房）『日本の中世の社会と女性』（吉川弘文館）

細川涼一（ほそかわ　りょういち）
1955年東京都生．中央大学大学院博士後期課程修了．京都橘女子大学文学部教授．
『中世の律宗寺院と民衆』（吉川弘文館）『平家物語の女たち』（講談社現代新書）『逸脱の日本中世』（ちくま学芸文庫）

林　久美子（はやし　くみこ）
1958年大阪府生．大阪市立大学大学院博士後期課程修了．京都橘女子大学文学部助教授．
『近世前期浄瑠璃の基礎的研究』（和泉書院）「雛の首――『妹背山婦女庭訓』〈山の段〉の形成――」（『大阪市立大学文学部創立五十周年記念　国語国文学論集』，和泉書院）「『傾城阿波の鳴門』の成立」（『京都造形芸術大学紀要』第2号）

横田冬彦（よこた　ふゆひこ）
1953年京都府生．京都大学大学院博士後期課程修了．京都橘女子大学文学部教授．
京都大学防災研究所客員教授(1999～2001年度)
『近世の身分的周縁』全6巻（編著，吉川弘文館）

京《きょう》の鴨川《かもがわ》と橋《はし》──その歴史《れきし》と生活《せいかつ》

2001(平成13)年7月20日　発行

定価：本体2,200円(税別)

編　者　門脇禎二・朝尾直弘
発行者　田中周二
発行所　株式会社思文閣出版
〒606-8203　京都市左京区田中関田町2—7
電話 075—751—1781(代表)

印刷　同朋舎
製本　大日本製本紙工

 ISBN4-7842-1082-2 C0021